高职高专机电系列教材

电工电子技术
(微课版)

薛邵文　李　刚　曾　煜　主　编
赵南琪　周启彬　汪　异　副主编

清华大学出版社
北京

内 容 简 介

本书共分为五个项目，分别为触电保护措施和现场实施触电急救、扬声器 PCB 印制电路板的制作与测量、三人表决电路的设计、USB 迷你可充电小风扇的制作与调试、多功能电子控制器的制作与调试。

本书的主要特点是以项目为导向、任务为驱动、理论与技能训练并重，学习用电技术基本知识，正确选择使用仪表及电气设备，认识常用的电子元件及其符号，能够使用图表、手册和公式对电路进行计算，能正确选择使用仪表及电气设备对简单电路进行安装与焊接。

本书可作为高职、高专院校电类专业"电工电子技术""电工类"课程教材，也可供初学者或相关技术人员参考。

图书在版编目(CIP)数据

电工电子技术：微课版/薛邵文，李刚，曾煜主编. —北京：清华大学出版社，2023.4 (2025.1 重印)
高职高专机电系列教材
ISBN 978-7-302-63235-1

Ⅰ. ①电… Ⅱ. ①薛… ②李… ③曾… Ⅲ. ①电工技术—高等职业教育—教材 ②电子技术—高等职业教育—教材 Ⅳ. ①TM②TN

中国国家版本馆 CIP 数据核字(2023)第 056656 号

责任编辑：石　伟
装帧设计：李　坤
责任校对：周剑云
责任印制：宋　林

出版发行：清华大学出版社
　　　　网　　　址：https://www.tup.com.cn, https://www.wqxuetang.com
　　　　地　　　址：北京清华大学学研大厦 A 座　　　邮　　　编：100084
　　　　社 总 机：010-83470000　　　　　　　　邮　　　购：010-62786544
　　　　投稿与读者服务：010-62776969, c-service@tup.tsinghua.edu.cn
　　　　质量反馈：010-62772015, zhiliang@tup.tsinghua.edu.cn
　　　　课件下载：https://www.tup.com.cn, 010-62791865
印 装 者：三河市龙大印装有限公司
经　　　销：全国新华书店
开　　　本：185mm×260mm　　　印　　　张：10.5　　　字　　　数：252 千字
版　　　次：2023 年 4 月第 1 版　　　印　　　次：2025 年 1 月第 2 次印刷
定　　　价：39.00 元

产品编号：097893-01

前　　言

《电工电子技术》活页教材中，学生将通过很多步骤搭建一个个电子小产品，同时，会使用到相关电子元器件，教师在工业生产设备和机器中也可以找到这些电子元器件。通过这样的方式，为学生未来作为专业工人的工作做准备。在本教材中，学生除了获取理论知识和实践能力之外，还会学到电子元器件的重要知识。

本教材是依据德国"双元制"职业教育模式本土化的实践研究成果，以培养符合社会需求的高级应用型人才为目标开发的以工作过程为导向的"学习领域"和"培训规则"的系列教材之一。

1. 《电工电子技术》活页教材与行为导向有什么联系？

当今世界要求专业工人除了要具备技术能力之外，还要有独立的、有计划的、有质量意识的行为能力以及团队协作精神。为了让学生较早地适应这样的工作方式，需要在培训期间就培养学生以后作为专业工人的工作方法。本书中的项目将引导学生自主学习、决策、行动和评价。同时，学生会自行以优秀的专业工人的工作方式为导向，这种以行为为导向的培训方法称为行为导向模式。这种行为导向模式分为以下几个步骤：**资讯→计划→决策→实施→检查→评价**。

(1) 资讯——"应该做什么？"

学生首先要全面了解分配任务、背景、功能等信息。针对这些信息，他们在项目资料中能找到与每个项目相关的技术资料。引导性问题引导学生从内容上去熟悉要使用的技能和知识。在资讯的最后阶段，学生必须准备好所有加工项目的数据和信息。

(2) 计划——"我们可以怎样实施？"

在计划阶段，学生要借助资讯阶段收集到的信息对工作流程进行系统的计划，计划工具和辅助工具的正确使用，并确定每一个工作步骤的顺序。

(3) 决策——"什么是最好的工作方式(步骤)？"

任务的解决方案经常有很多种。学生要根据材料使用、时间、使用的工具和熟悉的技能选择最佳的解决方案。学生和教师一起决策出完成项目任务的最佳工作方式并再次调整工作计划，使之与工作方式相符合。通过与教师谈话，学生将自己的想法和教师的经验共同融入项目中。

(4) 实施——在此步骤中，学生根据工作计划实施工作。

学生依照零件清单的材料，按照之前制订的工作计划独立实施工作。此时教师的角色是顾问，只有当学生出现错误或者违反安全生产时，才能去干涉学生实施项目。

(5) 检查——"专业地完成工作任务了吗？"

在任务完成之后，学生和教师检查所做的工作是否符合任务要求。如有必要，可以在执行任务过程中实施质量的相关检查。在检查的过程中要尽可能客观地评论学生所做的工

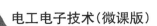
作是否符合任务要求。通过这样的自我检查和同时进行的第三方检查,学生尽可能地学会客观地使用质量标准。

(6) 评价——"在以后的任务中,必须要改善什么?"

在此步骤中,学生要反思工作,再一次与教师谈论工作结果以及检查和评分表。此外,学生还要思考:在此项目中积累了怎样的经验,在以后的工作中必须改善哪些方面以及记录所获得的知识。

2. 教材参考课时

下表所示为参考课时。

《电工电子技术》参考课时

项目名称	任务	参考学时	
项目1:触电保护措施和现场触电急救	任务一:防止触电及保护措施	4	8
	任务二:现场实施触电急救	4	
项目2:扬声器PCB印制电路板的制作与测量	任务一:PCB印制电路板的焊接	10	16
	任务二:PCB印制电路板的测量	6	
项目3:三人表决电路的设计	任务一:数字电路的分析	8	16
	任务二:数字电路的设计	8	
项目4:USB迷你可充电小风扇的制作与调试	任务一:USB迷你可充电小风扇电路的设计	8	16
	任务二:USB迷你可充电小风扇电路的焊接与调试	8	
项目5:多功能电子控制器的制作与调试	任务一:多功能电子控制器的设计	8	16
	任务二:多功能电子控制器的制作与调试	8	

本书由泸州职业技术学院的薛邵文副教授、李刚副教授、曾煜副教授担任主编,泸州职业技术学院的赵南琪、周启彬、汪异、周曼担任副主编。项目1、3由薛邵文编写,项目2由李刚、曾煜编写,项目4由赵南琪编写,项目5由周启彬编写,汪异负责统稿。

编写本书的过程也是一个不断学习、不断提高的过程。由于作者水平有限,编写时间仓促,书中难免有错误或不妥之处,敬请广大读者和相关专家批评指正。

编 者

在线课程框架

配套ppt

目　　录

项目 1　触电保护措施和现场实施触电急救 1

1.1　项目描述 1

1.2　功能描述 3

　　任务一：防止触电及保护措施 3

　　任务二：现场实施触电急救 3

1.3　零件清单 3

1.4　资讯 4

　　任务一：防止触电及保护措施 4

　　任务二：现场实施触电急救 6

1.5　引导性问题 10

　　任务一：防止触电及保护措施 10

　　任务二：现场实施触电急救 17

1.6　工作计划 19

1.7　总结 21

项目 2　扬声器 PCB 印制电路板的制作与测量 25

2.1　项目描述 25

2.2　项目图片 25

2.3　功能描述 26

　　任务一：PCB 印制电路板的焊接 26

　　任务二：PCB 印制电路板的测量 26

2.4　零件清单 26

2.5　资讯 27

2.6　电路图 48

2.7　引导性问题 48

　　任务一：PCB 印制电路板的焊接 48

　　任务二：PCB 印制电路板的测量 76

2.8　工作计划 86

2.9　总结 88

项目 3　三人表决电路的设计 92

3.1　项目描述 92

项目 1 布置

项目 2 布置

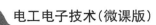

3.2 项目图片 92

3.3 功能描述 92

3.4 零件清单 92

3.5 数据页 93

    任务一：数字电路的分析 93

    任务二：数字电路的设计 99

3.6 电路图 107

3.7 引导性问题 107

    任务一：数字电路的分析 107

    任务二：数字电路的设计 113

3.8 工作计划 114

3.9 总结 116

项目 4　USB 迷你可充电小风扇的制作与调试 120

4.1 项目描述 120

4.2 项目图片 120

4.3 功能描述 120

    任务一：USB 迷你可充电小风扇电路的设计 120

    任务二：USB 迷你可充电小风扇电路的焊接与调试 121

4.4 零件清单 121

4.5 数据页 122

4.6 电路图 123

4.7 引导性问题 124

    任务一：USB 迷你可充电小风扇电路的设计 124

    任务二：USB 迷你可充电小风扇电路的焊接与调试 130

4.8 工作计划 134

4.9 总结 136

项目 5　多功能电子控制器的制作与调试 140

5.1 项目描述 140

5.2 项目电路原理图 140

5.3 功能描述 140

5.4 零件清单 141

5.5 资讯 141

    任务一：多功能电子控制器的设计 141

    任务二：多功能电子控制器的制作与调试 149

5.6 引导性问题 149

项目 3 布置

项目 4 布置

项目 5 布置

　　　　任务一：多功能电子控制器的设计 149

　　　　任务二：多功能电子控制器的制作与调试 151

　　5.7　工作计划 152

　　5.8　总结 154

参考文献 158

参考答案

项目 1　触电保护措施和现场
实施触电急救

　　安全用电关系到人身安全及设备安全两个方面，具有十分重要的意义，它渗透在电工作业和电力管理的各个环节中，因此，搞好电工作业安全生产是关系到人们生命和财产的头等大事。如果我们对电气安全工作的重要性认识不足，电气设备的结构或装置不完善，安装、维修、使用不当，错误操作或违章作业等，就会造成触电、短路、线路故障、设备损坏，遭受雷击、静电危害、电磁场危害，或引发电气火灾和爆炸等事故。这些事故除了会造成人员伤亡外，还有可能造成大面积停电事故，给国民经济带来不可估量的损失。

　　随着电气化程度的提高，人们接触电的机会成倍增多，触电事故时有发生。当前全世界每年死于电气事故的人数，约占全部工伤事故死亡人数的 25%，电气火灾占火灾总数的 14% 以上。许多国家常以用电量与触电死亡人数的比值作为衡量安全用电水平的标准，安全用电水平高的国家，约每耗电 20 亿度触电死亡 1 人；而安全用电水平低的国家，约每耗电 1 亿度触电死亡 1 人。另外，也有以用电人口数与触电死亡人数的比值衡量安全用电水平的，工业发达的国家，大约每百万用电人口触电死亡 0.5～1 人；20 世纪 70 年代我国农村用电为每百万用电人口触电死亡 20 人， 80 年代已降低到 10 人以下，即便如此，我国的安全用电水平还是很低的。另据统计，全国触电死亡总人数中，城市居民仅占 15%，而农村竟占 85%！统计还表明，高压触电死亡人数约占 12.5%，低压触电死亡人数却占 87.5%。综上所述，搞好电气安全工作，预防工伤及职业危害，是直接关系到国民经济发展和人民生命财产安全的大事，必须坚定不移地坚持"安全第一，预防为主"的方针，建立和完善安全监察体系，严格执行各项规章制度，认真执行安全技术措施和反事故技术措施，搞好电气安全和其他各项劳动保护工作，促进安全生产，保障改革开放的顺利进行及国家现代化事业的更快发展。

1.1　项 目 描 述

1. 防止触电及保护措施

结合下列安全事故案例 1～6，分析有效地防止触电及保护措施有哪些？

安全事故案例 1： 2018 年 12 月 20 日晚，××大学学生宿舍 8 号楼 124 室发生火灾。起火原因是住在该室的生物系同学曹××(女)违反学校规定，在宿舍使用"热得快"烧水。当晚学生宿舍统一断电后，曹××将"热得快"从暖瓶中拿出随手放在床前桌面上，未将电源切断。21 日早 6 点钟宿舍统一送电后，"热得快"干烧，引燃了桌上的书本等物品，造成宿舍火灾。火灾导致同屋两名同学烧伤，曹××本人右手、右肩、背部和面部为浅二度灼伤。火灾造成宿舍内公物直接经济损失 845 元和部分同学私人财物被烧毁。

曹××违章使用"热得快"酿成火灾、造成人员灼伤的严重后果,依照《××大学防火安全奖励赔偿暂行规定》,由曹××赔偿公物损失 845 元和宿舍同学全部受损私人财产损失;依据《××大学学生处分条例》有关规定,学校给予曹××严重警告处分。

(资料来源: https://www.renrendoc_aper198811977.html)

安全事故案例 2:2014 年 4 月 6 日下午 3 时许,某厂 671 变电站运行值班员接班后,312 油开关大修负责人提出申请要结束检修工作,而值班长临时提出要试合一下 312 油开关上方的 3121 隔离刀闸,检查该刀闸的贴合情况。于是,值班长在没有拆开 312 油开关与 3121 隔离刀闸之间的接地保护线的情况下,擅自摘下了 3121 隔离刀闸操作把柄上的"已接地"警告牌和挂锁,进行合闸操作。"轰"的一声巨响,强烈的弧光迎面扑向蹲在312 油开关前的大修负责人和实习值班员,2 人被弧光严重灼伤。

(资料来源: https://new.qq.com/rain/a/20211214A04Z0X00)

安全事故案例 3:2007 年某月的一天,某队工作面延伸,对电气设备进行搬移,进班会安排电工张某和李某负责电气设备的搬移工作。电工张某和李某在没有停电的情况下就往前拽电缆,这时跟班队长从旁边经过,问停电了没有,张某说"没事儿"。于是接着往前搬移,当把设备搬移到位,开始挂电缆时,由于电缆有外伤,正在挂电缆的李某被电到,造成事故。

(资料来源: https://www.renrendoc.com/paper/135157775.html)

安全事故案例 4:2007 年 11 月 13 日,王某发现单位会议室日光灯有两个不亮,于是自己进行修理。他将桌子拉好,准备将日光灯拆下检查是哪里出了毛病,在拆日光灯的过程中,用手拿日光灯架时手接触到带电相线,被电击,由于站立不稳,从桌子上掉了下来。

(资料来源: https://www.sodocs.net/doc/94930920.html)

安全事故案例 5:2019 年 6 月 16 日 19:15 分××车间 B 线白班生产已经结束(当日洗瓶机生产结束时间为 18:14,装箱机结束时间为 19:10),该线维修班已全面进入各机台清理卫生和设备维护、保养阶段。根据生产部安排,该线夜班生产时间为自 20:00 开始,故留给维修班的工作时间只有半个多小时。维修班长根据车间要求安排维修电工×××(持证电工,操作证号:34××××××××××)到该线洗瓶机前×××岗位安装一台挂壁式风扇。该风扇的悬挂固定装置在风扇安装之前已经安装好,故本次安装只需将风扇电源线接通即可使用。该电工到达作业现场后先将风扇挂在固定座上,由于装设风扇的输瓶线离地面高约 1.55 米,再加上装设风扇的固定座,总的高度约 1.85 米,要想顺利操作必须登高,而装风扇的岗位处正好有一只铁座椅,而其踏脚座离地面也只有 30 厘米左右,于是该电工便站在座椅的踏脚座上进行操作。由于控制电源离操作位置相对较远,该电工为图方便便在该岗位的检验灯上面没有停电而直接跨接电源线,在操作时造成触电,由于倒地时其头部后脑勺着地造成致命伤害,经市人民医院抢救无效死亡。

(资料来源: http://ishare.iask.sina.com.cn/f/7DYluzXnCxv.html)

安全事故案例 6：××制衣厂的班长对民工党××说，等一会儿接电源时去找电工。但党××没有找电工，而是私自给移动式铁壳电源箱接线。当党××一手扶电源箱壳体，一手插振捣器插头时，因箱体带电，触电跌倒，面部朝上，脚穿布鞋，躺在刚下过雨的地上，电源箱压在其胸部。党××(男，21 岁，本工种工龄四个月)因受伤时间过长，抢救无效死亡。

(资料来源：http://www.anquan.com.cn/index.php?m=special&c=index&a=show&id=11628)

2. 现场实施触电急救

(1) 触电的现场急救：当发现有人触电时，不可惊慌失措，首先应设法将触电者迅速而安全地脱离电源。

(2) 对不同情况下的救治：触电者脱离电源后，应根据实际情况，采取正确的救护方法，迅速进行抢救。

(3) 人工呼吸法操练。

(4) 胸外按压法操练。

1.2　功　能　描　述

任务一：防止触电及保护措施

根据前面的任务描述，安全用电设计需要学生了解触电知识，掌握并遵守安全用电规范，了解电气设备失效形式，选择对应的保护措施和安全用电方法。

任务二：现场实施触电急救

掌握触电急救知识，在发生触电事故时，如何在保证自身安全的前提下进行有效施救，是电气工作人员和所有用电者的义务。

1.3　零　件　清　单

任务所需零件清单如表 1-1 所示。

表 1-1　任务所需零件清单

名　称	型号或规格	单　位	数　量
绝缘安全用具/检修安全用具	绝缘鞋、低压验电笔、电工钳(钢丝钳、尖嘴钳和偏口钳)、螺丝刀(一字形和十字形)、电工刀、活动扳手、剥线钳等	套	1
检修安全用具	临时接地线、标示牌、临时遮栏、安全灯、脚扣、安全带、安全帽	块	1
人工呼吸方法训练	心脏复苏急救训练人体教学模型	个	1

1.4 资　讯

任务一：防止触电及保护措施

1. 影响电流对人体危害程度的主要因素

电流对人体伤害的严重程度与通过人体电流的大小、频率、持续时间，通过人体的路径及人体电阻的大小等多种因素有关，如表1-2所示。

表1-2　电流对人体的伤害

项　目	成年男性	成年女性
感知电流(mA)	1.1	0.7
摆脱电流(mA)	9～16	6～10
致命电流(mA)	直流30～300、交流30左右	直流30～200、交流小于30
危及生命的触电持续时间	1s	0.7s
电流流经路径	流经人体胸腔，则心室颤动，促使心脏停止跳动，导致死亡；流经中枢神经，则神经中枢严重失调而造成死亡；流经骨髓，则导致半截肢体瘫痪。从左手到胸部，电流流经路径最短也最危险	
人体健康状况	女性比男性对电流的敏感性高，承受能力为男性的2/3；小孩比成年人受电击的伤害程度更严重；过度疲劳、心情差的人比有思想准备的人受伤害程度更高；人体患有心脏病时，受电击伤害程度比健康人更严重	
电流频率	25～300Hz的电流对人体伤害最严重，低于或高于该频率的电流对人体伤害显著降低	
人体电阻	皮肤在干燥、洁净、无破损的情况下电阻可达数十千欧。潮湿破损的皮肤可降至1kΩ以下	

2. 电流故障对人体的影响

电流故障对人体的影响如图1-1所示。

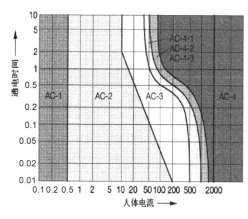

AC-1：　通常不产生影响
AC-2：　大多数情况下不产生有害的影响
AC-3：　大多数情况下不对器官产生影响。偶尔可能有肌肉痉挛反应和呼吸困难
AC-4：　在区域3的反应基础上，额外产生心脏停跳、呼吸停止和严重烧伤
AC-4-1：室颤的概率增加约至5％
AC-4-2：室颤的概率增加约至50％
AC-4-3：室颤的概率增加超过50％

图1-1　电流故障对人体的影响

(资料来源：海伯勒·格雷戈尔等. 机电一体化图表手册. 长沙：湖南科学技术出版社.)

3. 接地和接零

电气设备在使用中，若设备绝缘损坏或击穿而造成外壳带电，人体触及外壳时就有触电的可能。因此，电气设备必须与大地进行可靠的电气连接，即接地保护，使人体免受触电的危害。接地可分为工作接地、保护接地和保护接零几种。

1) 保护接地的概念及原理

工作接地是指电气设备(如变压器中性点)为保证其正常工作而进行的接地；保护接地是指为保证人身安全，防止人体接触设备外露部分而触电的一种接地形式。在中性点不接地系统中，设备外露部分(金属外壳或金属构架)，必须与大地进行可靠的电气连接，即保护接地。

接地装置由接地体和接地线组成，埋入地下直接与大地接触的金属导体称为接地体，连接接地体和电气设备接地螺栓的金属导体称为接地线。接地体的对地电阻和接地线电阻的总和，称为接地装置的接地电阻。

在中性点不接地系统中，设备外壳不接地且意外带电，外壳与大地间存在电压，人体触及外壳，人体将有电容电流流过，如图 1-2(a)所示。如果将设备外壳接地，人体与接地体相当于电阻并联，流过每一通路的电流值将与其电阻的大小成反比。人体电阻通常为 $600 \sim 1000\Omega$，接地电阻通常小于 4Ω，流过人体的电流很小，这样就能保证人体的安全，如图 1-2(b)所示。

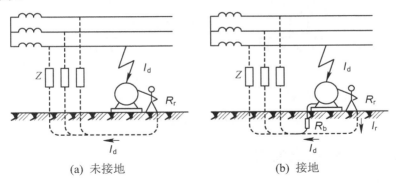

(a) 未接地　　　　　　　　(b) 接地

图 1-2　保护接地的原理示意图

保护接地适用于中性点不接地的低压电网。在不接地电网中，由于单相对地电流较小，利用保护接地可使人体避免发生触电事故。但在中性点接地电网中，由于单相对地电流较大，保护接地就不能完全避免人体触电的危险，因而要采用保护接零。

2) 保护接零的概念及原理

保护接零是指在电源中性点接地的系统中，将设备需要接地的外露部分与电源中性线直接连接，相当于设备外露部分与大地进行了电气连接。

当设备正常工作时，外露部分不带电，人体触及外壳相当于触及零线，无危险，如图 1-3 所示。采用保护接零时，应注意不宜将保护接地和保护接零混用，而且中性点工作接地必须可靠。

在电源中性线做了工作接地的系统中，为确保保护接零的可靠，还需相隔一定距离将中性线或接地线重新接地，称为重复接地。

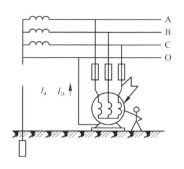

图 1-3　保护接零原理图

　　从图 1-4(a)中可以看出，一旦中性线断线，设备外露部分带电，人体触及同样有触电的可能。而在重复接地的系统中，如图 1-4(b)所示，即使出现中性线断线，但外露部分因重复接地而使其对地电压大大下降，对人体的危害也大大下降。不过应尽量避免中性线或接地线出现断线的现象。

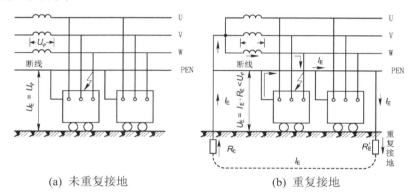

(a) 未重复接地　　　　　　　　　　　(b) 重复接地

图 1-4　重复接地作用

任务二：现场实施触电急救

1. 口对口(鼻)人工呼吸法

口对口(鼻)人工呼吸操作步骤如表 1-3 所示。

表 1-3　口对口(鼻)人工呼吸操作步骤

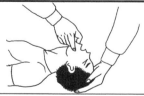	
①头部后仰：触电者脱离电源后，迅速清理掉他嘴里的东西，使头尽量后仰，让鼻孔朝天。这样，舌头根部就不会阻塞气道；同时，解开他的领口和衣服。注意，头下不要垫枕头，否则会影响通气	② 捏鼻掰嘴：救护人在触电人的头部左边或右边，用一只手捏紧他的鼻孔，另一只手的拇指和食指掰开嘴巴。如果掰不开嘴巴，可用口对鼻的人工呼吸法，捏紧嘴巴，紧贴鼻孔吹气

续表

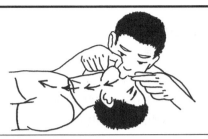	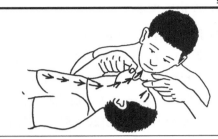
③ 贴紧吹气：深吸一口气后，紧贴掰开的嘴巴吹气，也可隔一层布吹；吹气时要使他的胸部膨胀，每 5s 吹一次，吹 2s 放松 3s；小孩肺小，只能小口吹气	④ 放松换气：救护人换气时，放松触电人的嘴和鼻，让他自动呼气

2. 胸外心脏挤压法

胸外心脏挤压法操作步骤如表 1-4 所示。

人工呼吸与胸外心脏挤压法

表 1-4　胸外心脏挤压操作步骤

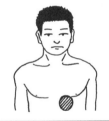	
① 正确压点：将触电人的衣服解开，仰卧在地上或硬板上，不可躺在软的地方，找到正确的挤压点	② 叠手姿势：救护人跨腰跪在触电人的腰部(儿童用一只手)，手掌根部放在心口窝稍高一点的地方，掌根放在胸骨下 1/3 的部位
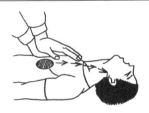	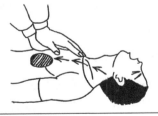
③ 向下挤压：掌根用力向下面，即向脊背的方向挤压，压出心脏里面的血液。成人压陷到 3～5cm，每秒钟挤压一次，太快了效果不好；对儿童用力要轻一些，对成人太轻则不好	④ 迅速放松：挤压后掌根很快全部放松，让触电人胸廓自动复原，血又充满心脏，每次放松时掌根不必完全离开胸膛。重复③、④步骤，每分钟 60 次左右为宜

施行上述两种急救方法时，如双人抢救，每做胸外心脏按压 5 次后由另一人吹气 1 次 (5∶1)，反复进行；如只有一人，又需同时采用两种方法，可以轮番进行，做胸外心脏按压 15 次以后，吹气 2 次(15∶2)。

3. 外伤的处理

对于触电者电伤和摔跌造成的局部外伤，在现场救护中也应做适当处理，可防止细菌侵入感染及摔跌骨折刺破皮肤、周围组织、神经和血管，避免损伤扩大，同时可减轻触电者的痛苦和便于转送医院。伤口出血，以动、静脉出血的危险性最大。动脉出血，血色鲜红且状如泉涌；静脉出血，血色暗红且持续溢出。人体总血量有 4000～5000ml，如果出血量超过 1000ml，可能引起心脏跳动停止而导致死亡，因此，如触电者有出血状况要立即设法止血。常用的外伤处理方法如表 1-5 所示。

表 1-5　外伤处理方法

外伤情况	处理方法
一般性的外伤表面	可用无菌生理食盐水或清洁的温开水冲洗后，再用适量的消毒纱布、防腐绷带或干净的布类包扎，经现场救护后送医院处理
压迫止血	动、静脉出血最迅速的止血法，即用手指、手掌或止血橡皮带在出血处供血端将血管压瘪在骨骼上而止血，同时，迅速送医院处理
伤口出血不严重	可用消毒纱布或干净的布类叠几层盖在伤口处压紧止血
触电摔伤四肢骨折	应首先止血、包扎，然后用木板、竹竿、木棍等物品临时将骨折肢体固定并速送医院处理

4. 急救原则

现场急救的原则是：迅速、就地、准确、坚持。

(1) 迅速。要动作迅速，切不可惊慌失措，要争分夺秒、千方百计地使触电者脱离电源，并将触电者移到安全的地方。

(2) 就地。要争取时间，在现场(安全地方)就地抢救触电者。

(3) 准确。抢救的方法和施行的动作姿势要正确。

(4) 坚持。急救必须坚持到底，直至医务人员判定触电者已经死亡，再也无法抢救时，才能停止抢救。

5. 脱离电源方法

1) 脱离低压电源的方法

(1) 拉开触电地点附近的电源开关。但应注意，普通的电灯开关只能断开一根导线，有时由于安装不符合标准，比如可能只断开零线，这样是不能断开电源的，人身触及的导线仍然带电，不能认为已切断电源。

(2) 如果距离开关较远，或者断开电源有困难，可用带有绝缘柄的电工钳或有干燥木柄的斧头、铁锹等利器将电源线切断，此时应防止带电导线断落触及其他人体。

(3) 当导线搭落在触电者身上或压在身下时，可用干燥的木棒、竹竿等挑开导线，或用干燥的绝缘绳索套拉导线或触电者，使其脱离电源。

(4) 如触电者由于肌肉痉挛，手指紧握导线不放松或导线缠绕在身上时，可首先用干燥的木板塞进触电者身下，使其与地绝缘，然后再采取其他办法切断电源。

(5) 触电者的衣服如果是干燥的，又没有紧缠在身上，不至于使救护人直接触及触电者的身体时，救护人才可以用一只手抓住触电者的衣服，将其脱离电源。

(6) 救护人可用几层干燥的衣服将手裹住，或者站在干燥的木板、木桌椅或绝缘橡胶垫等绝缘物上，用一只手拉触电者的衣服，使其脱离电源。千万不要赤手直接去拉触电人，以防造成群伤触电事故。

2) 脱离高压电源的方法

(1) 立即通知有关部门停电。

(2) 戴上绝缘手套，穿上绝缘鞋，使用相应电压等级的绝缘工具，拉开高压跌开式熔断器或高压断路器。

(3) 抛掷裸金属软导线，使线路短路，迫使继电保护装置动作，切断电源，但应保证抛掷的导线不触及触电者和其他人。

3) 注意事项

(1) 应防止触电者脱离电源后可能出现的摔伤事故。当触电者站立时，要注意触电者倒下的方向，防止摔伤，当触电者位于高处时，应采取措施防止其脱离电源后坠落摔伤。

(2) 未采取任何绝缘措施，救护人不得直接接触触电者的皮肤和潮湿衣服。

(3) 救护人不得使用金属或其他潮湿的物品作为救护工具。

(4) 在使触电者脱离电源的过程中，救护人最好用一只手操作，以防救护人触电。

(5) 夜间发生触电事故时，应解决临时照明问题，以便在切断电源后进行救护，同时防止出现其他事故。

6. 现场对症救治

1) 现场救护办法

触电者脱离电源后，应立即就近移至干燥通风的场所，再根据情况迅速进行现场救护，同时应通知医务人员到现场，并做好送往医院的准备工作。

(1) 触电者所受伤害不太严重。如触电者神志清醒，只是有些心慌、四肢发麻、全身无力，一度昏迷，但未失去知觉，此时应使触电者静卧休息，不要走动，同时应严密观察。如在观察过程中，发现呼吸或心跳很不规律甚至接近停止时，应立即进行抢救，请医生前来或送医院诊治。

(2) 触电者的伤害情况较严重。触电者无知觉、无呼吸，但心脏有跳动，应立即进行人工呼吸；如有呼吸，但心脏跳动停止，则应立即采用胸外心脏挤压法进行救治。

(3) 触电者伤害很严重。触电者心脏和呼吸都已停止、瞳孔放大、失去知觉，这时须同时采取人工呼吸和人工胸外心脏按压两种方法进行救治。做人工呼吸要有耐心，尽可能坚持抢救 4 小时以上，直到把人救活，或者一直抢救到确诊死亡时为止；如需送医院抢救，在途中也不能中断急救措施。

2) 触电急救用药应注意的事项

(1) 任何药物都不能代替人工呼吸和胸外心脏按压抢救。人工呼吸和胸外心脏按压是基本的急救方法，是第一位的急救方法。

(2) 应慎重使用肾上腺素。肾上腺素有使停止跳动的心脏恢复跳动的作用，即使出现心室颤动，也可以使细的颤动转变为粗的颤动而有利于除颤；另一方面，肾上腺素可能使衰弱的、跳动不正常的心脏变为心室颤动，并由此导致心脏停止跳动而死亡，因此对于用心电图仪观察尚有心脏跳动的触电者不得使用肾上腺素。只有在触电者已经经过人工呼吸和胸外心脏按压的急救，用心电图仪鉴定心脏确已停止跳动，又备有心脏除颤装置的条件下，才可以考虑注射肾上腺素。

1.5　引导性问题

任务一：防止触电及保护措施

1. 在表 1-6 中，写出安全标志的含义。

表 1-6　安全标志

标　志	含　义	标　志	含　义	标　志	含　义
	————		————		————
	————		————		————
	————		————		————
	————		————		————
	————		————		————
	————		————		————
	————		————		————
	————		————		————
	————		————		————

2. 解释五个安全规则，如表 1-7 所示。

表 1-7　无电压工作状态下的五个安全规则(按照 DIN VDE 0105)

1. 分离	● _____ ● _____ ● _____
2. 确保不重复连接	● _____ ● _____ ● _____
3. 确认无电压状态	● _____ ● _____
4. 接地和短路	● _____ ● _____ ● _____
5. 电压下相邻部件的屏蔽与封闭	● _____ ● _____ ● _____

3. 如果不用保险丝，而用断路器，如何确保一个电学设备不重复连接(安全规则 2)？

_____

4. 在确保不重复连接的过程中，如果不使用熔断器，那么要用什么元件来代替？

_____

5. 借助什么辅助工具来确认无电压(安全规则 3)？

_____多量程测量仪表。

6. 在什么情况下，不需要接地和短路(安全规则 4)？请举例。

_____

7. 如何理解身体保护？

_____

8. 请解释电流带来的负效应，如表 1-8 所示。

表 1-8　电流带来的负效应

电流负效应	举　例
生理负效应(对生物的影响)	
热学负效应	

9. 通过接触带电部件可能会发生"触电"。

(1) 将两个专业名词"直接接触"和"间接接触"填入图 1-5 横线中。

(2) 在图 1-5 中为两次触电事故画出故障线路过程。

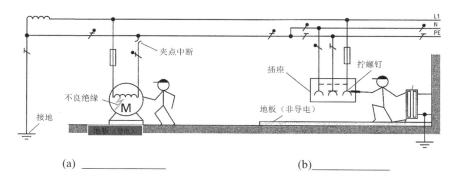

(a) _____　　　　　　　　(b) _____

图 1-5　触电形式

10. 请在表 1-9 中填入触电防护相关措施。

表 1-9　触电防护的措施

触电种类	预防措施	选用标准	备　注
直接触电	——		常用绝缘材料：玻璃、云母、木材、塑料、胶木、布、纸、漆、六氟化硫
	——		所用材料的电气性能没有严格要求，但应有足够的机械强度和良好的耐火性能
	——		低压工作中，所携带工具与带电体距离应不小于 0.1m；架空线路附近进行起重机工作时应不小于 1.5m；工作中使用喷灯或气焊时，其火焰不得喷向带电体，火焰与带电体的距离不得小于下列数值： 10kV 及以下　1.5m；35kV　3.0m

触电种类	预防措施	选用标准	备　注
间接触电	——	—————	即使工作绝缘损坏，还有一层加强绝缘，不至于发生金属导体裸露造成间接触电
	——	—————	使电气线路和设备的带电部分处于悬浮状态
	——	—————	在规定的时间内能自动切断电源，起到保护作用
	——	—————	在中性点未接地系统中，绝对不允许采用接零保护。因为系统中的任何一点接地或碰壳时，都会使所有接在零线上的电气设备金属外壳上呈现相电压的数值，这对人体是十分危险的

11. 为防止电气设备意外带电造成触电事故，必须在电路中采用接地保护和接零保护，请将两个专业术语"接地保护"和"接零保护"填入图 1-6 横线中。

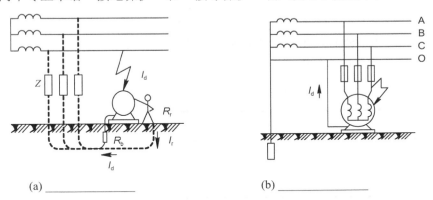

(a) _____　　　　(b) _____

图 1-6　保护措施

12. 请根据 DIN VDE 0140-479-1 标准，参照"50Hz 交流电对成年人的影响范围"，在表 1-10 中，确定触电时的身体反应。

13. 请在表 1-11 中的等效电路图中填入接触电压 U_B 的参考方向。请根据用电事故影响因素的影响程度，判断流过体内的电流大小。

电工电子技术(微课版)

表 1-10　身体反应

触摸电流强度	小于 0.5mA	50mA	100mA	50mA
作用时间	任何时长	1s	20ms	0.5s
危险区域	AC-1			
身体反应				

表 1-11　用电事故中的影响因素和电流

用电事故的原理图	等效电路图	影响因素	身体电流
		潮湿土壤	
		干手	
		小接触面	
		防潮鞋	
		橡胶鞋底	
		木梯	
		金属导体	
		高电压	

图中：用电事故的原理图  ；等效电路图含 R_7、$R_4//R_5+R_6$、R_3、$R_1//R_2$，U_B。

14. 当电路发生故障时，允许接触电压存在(假设不限制接触时间)，请在表 1-12 中确定在安全原则下所允许的接触电压 U_L 最大值。

表 1-12　接触电压的约定极限 U_L

适用范围	人	家畜
交流电压达到 1000Hz 以上		
直流电压		

15. 用于计算人类和家畜身体产生的接触电压 U_B 的公式是什么？

16. 在表 1-13 中，选择以下哪行的图标和保护等级归类是正确的？

表 1-13 保护等级

	保护等级 I	保护等级 II	保护等级 III
①	⊕	◈	▫
②	⊕	▫	◈
③	▫	⊕	◈
④	▫	◈	⊕
⑤	◈	▫	▫

17. 在用金属外壳的手持钻机发生致命的电力事故后，调查显示如下结果：

*钻机以 230V 运行；

*事故电路的总电阻 R 为 1.8kΩ，人体等效电阻 R_K 为 900Ω。

(1) 计算流过身体的电流 I_K 和触摸电压 U_B。

(2) 评估电力事故造成的后果。

18. 在图 1-7 中标有 1 的设备是隔离开的，流经人体的故障电流 I_F 是多少 mA(图中：工作接地的电阻 R_B=0.8Ω，人所处地的电阻 R_{st}=1.4Ω，人体的电阻为 1.0kΩ)？假如标有 1 的设备可靠接地，流过人体的电流 I 又是多少 mA，并指出此时电路中用的是什么保护？

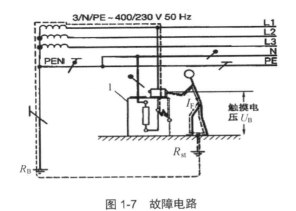

图 1-7 故障电路

19. 图 1-8 所示电路供电电压为 3/N～400/230V 50Hz 供电，人体电阻 R_r 为 1.0kΩ，保护接地电阻 R_D 为 4Ω，电气设备外壳是没有接地的，流经人体的故障电流 I_r 是多少 mA？假如设备可靠接地，流过人体的电流 I_r 又是多少 mA，并指出此时电路中用的是什么保护？

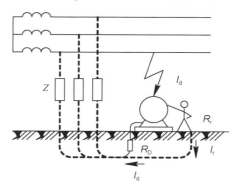

图 1-8 故障电路

20. 请根据不同的火灾种类，将适合的火灾灭火器序号填入表 1-14 中。
①清水灭火器；②泡沫灭火器；③干粉灭火器；④二氧化碳灭火器；⑤沙土。

表 1-14 火灾灭火器

火灾种类	适合的火灾灭火器
含碳固体火灾	
可燃液体火灾	
可燃气体火灾	
金属火灾	
带电燃烧的火灾	

任务二：现场实施触电急救

1. 根据触电急救原则，填写表 1-15。

表 1-15　触电急救原则

急救原则	说　明
＿＿＿＿	要动作迅速，切不可惊慌失措，要争分夺秒、千方百计地使触电者脱离电源，并将触电者移到安全的地方
＿＿＿＿	要争取时间，在现场(安全地方)就地抢救触电者
＿＿＿＿	抢救的方法和施行的动作姿势要正确
＿＿＿＿	急救必须坚持到底，直至医务人员判定触电者已经死亡，再也无法抢救时，才能停止抢救

2. 在表 1-16 中选择合适的触电事故脱离电源的方法。

表 1-16　触电事故脱离电源的方法

序号	方　法
①	拉开触电地点附近的电源开关
②	如果距离开关较远，或者断开电源有困难，可用带有绝缘柄的电工钳或有干燥木柄的斧头、铁锹等利器将电源线切断，此时应防止带电导线断落触及其他人体
③	当导线搭落在触电者身上或压在身下时，可用干燥的木棒、竹竿等挑开导线，或用干燥的绝缘绳索套拉导线或触电者，使其脱离电源
④	如触电者由于肌肉痉挛，手指紧握导线不放松或导线缠绕在身上时，可首先用干燥的木板塞进触电者身下，使其与地绝缘，然后再采取其他办法切断电源
⑤	触电者的衣服如果是干燥的，又没有紧缠在身上，不至于使救护人直接触及触电者的身体时，救护人才可以用一只手抓住触电者的衣服，将其脱离电源
⑥	救护人可用几层干燥的衣服将手裹住，或者站在干燥的木板、木桌椅或绝缘橡胶垫等绝缘物上，用一只手拉触电者的衣服，使其脱离电源。千万不要赤手直接去拉触电者，以防造成群体触电事故
⑦	立即通知专业人员中断电路
⑧	戴上绝缘手套，穿上绝缘鞋，使用相应电压等级的绝缘工具，拉开高压跌开式熔断器或高压断路器
⑨	抛掷裸金属软导线，使线路短路，迫使继电保护装置动作，切断电源，但应保证抛掷的导线不触及触电者和其他人

上述触电事故脱离电源的方法中，属于脱离低压电源(最高 1000V)的方法是＿＿＿＿＿＿＿＿＿＿＿＿＿＿＿＿＿＿＿＿＿＿＿＿＿＿＿＿＿＿；脱离高压电源的方法是＿＿＿＿＿＿＿＿＿＿＿＿＿＿＿＿＿＿＿＿。

3. 请在表 1-17 中填入正确的急救方法。

表 1-17 急救方法

序号	触电者实际情况	急救方法
1	触电者所受伤害不太严重,如触电者神志清醒,只是有些头晕、心悸、心慌、出冷汗、恶心、呕吐、四肢发麻、全身无力,甚至一度昏迷,但未失去知觉	
2	触电者神智有时清醒,有时昏迷,发现呼吸或心跳很不规律甚至接近停止时	
3	触电者的伤害情况较严重,触电者无知觉、无呼吸,但心脏有跳动	
4	触电者伤害很严重,触电者心跳和呼吸都已停止,瞳孔放大,失去知觉	

4. 为了保证电子事故的风险尽可能低,需要对于 50V AC 或 120V DC 以上的电学操作工具和设备的制造商和安装人员,规定哪些具体措施?

1.6　工　作　计　划

1.6　工作计划(1)						
项目：触电保护措施和现场实施触电急救				任务一：防止触电及保护措施		
姓名：				日期：		
序号	工作步骤	备注	备料清单 工具/辅助工具	工作安全&环境	计划用时	每日工作时间

1.6 工作计划(2)						
项目：触电保护措施和现场实施触电急救				任务二：现场实施触电急救		
姓名：				日期：		
序号	工作步骤	备注	备料清单 工具/辅助工具	工作安全&环境	计划用时	每日工作时间

1.7　总　　结

1.7　总结(1)	
项目：触电保护措施和现场实施触电急救	任务一：防止触电及保护措施
姓名：	日期：

1. 请你简要描述执行此子项目过程中的工作方法(步骤)？

2. 你在加工此子项目的过程中可以获得哪些新知识？

3. 你在下一次遇到类似的任务设置时，需要改善什么？

4. 为了让你的同事能理解并继续实施你所执行的工作，该同事需要获得哪些信息？

1.7 总结(2)	
项目：触电保护措施和现场实施触电急救	任务二：现场实施触电急救
姓名：	日期：

1. 请你简要描述执行此子项目过程中的工作方法(步骤)？

2. 你在加工此子项目的过程中可以获得哪些新知识？

3. 你在下一次遇到类似的任务设置时，需要改善什么？

4. 为了让你的同事能理解并继续实施你所执行的工作，该同事需要获得哪些信息？

检测-评分表(1)

项目：触电保护措施和现场实施触电急救　　任务一：防止触电及保护措施

姓名：　　　　　　　日期：

序号	评价要素		检测-评分标准	参考分值	得分		
					自评	小组	教师
1	学习能力(40分)	基本分	无重大过失，即可得到满分10分	0~10			
		任务完成质量	高：13~15分，较高：10~12分，一般：7~9分，较低：4~6分，低：1~3分	0~15			
		提出关键性建议	在讨论中发言得到大家一致认同的建议：5次以上.15分，5次以下每次3分	0~15			
2	学习态度(30分)	基本分	基本能够参与到学习活动中，态度诚恳即可得到满分10分	0~10			
		出勤率	全勤5分，缺勤一次扣1分，扣完为止	0~5			
		工作责任感 任务完成速度	按时完成任务加3分，推迟5分钟扣1分，依次类推，扣完为止	0~3			
		活动参与度	参加一次加0.5分，封顶2分	0~2			
		工作积极性 讨论热情	参与讨论一次加1分，封顶4分	0~4			
		课堂发言	发言一次1分，封顶3分	0~3			
		课堂讨论	课堂参与讨论，一次0.5分，封顶3分	0~3			
3	团队合作(30分)	基本分	积极参与，无对团队产生负面影响的行为，即可得到满分10分	0~10			
		共同完成任务	每次都参与小组讨论，并按时按量完成小组分工作业的为满分10分，讨论缺勤一次扣1分，作业不按时按量提交的一次扣1分。扣完为止	0~10			
		帮助其他队员完成任务	帮助其他队员一次加1分，封顶5分	0~5			
		对外沟通次数	每次小组讨论后，与其他小组交流、沟通作业结果，沟通一次加1分，封顶5分	0~5			

总分：(100分)

最终得分(自评得分×20%+小组得分×30%+教师得分×50%)：

检测-评分表(2)

项目：触电保护措施和现场实施触电急救　　任务二：现场实施触电急救

姓名：　　　　　　　　日期：

序号	评价要素		检测-评分标准	参考分值	得分		
					自评	小组	教师
1	学习能力(40分)	基本分 任务完成质量	无重大过失，即可得到满分10分	0~10			
			高：13~15分，较高：10~12分，一般：7~9分，较低：4~6分，低：1~3分	0~15			
		提出关键性建议	在讨论中发言得到大家一致认同的建议：5次以上15分，5次以下每次3分	0~15			
2	学习态度(30分)	基本分	基本能够参与到学习活动中，态度诚恳即可得到满分10分	0~10			
		工作责任感 出勤率	全勤5分，缺勤一次扣1分，扣完为止	0~5			
		任务完成速度	按时完成任务加3分，推迟5分钟扣1分，依次类推，扣完为止	0~3			
		工作积极性 活动参与度	参加一次加0.5分，封顶2分	0~2			
		讨论热情	参与讨论，一次加1分，封顶4分	0~4			
		课堂发言	发言一次加1分，封顶3分	0~3			
		课堂讨论	课堂参与讨论，一次0.5分，封顶3分	0~3			
3	团队合作(30分)	基本分	积极参与，无对团队产生负面影响的行为，即可得到满分10分	0~10			
		共同完成任务	每次都参与小组讨论，并按时按量完成小组工作任务的为满分10分，讨论缺勤一次扣1分，作业不按时按量提交的一次扣1分。扣完为止	0~10			
		帮助其他队员完成任务	帮助其他队员一次加1分，封顶5分	0~5			
		对外沟通次数	每次小组讨论后，与其他小组交流，沟通作业结果，沟通一次加1分，封顶5分	0~5			

总分：(100分)

最终得分(自评得分×20%+小组得分×30%+教师得分×50%)：

项目 2 扬声器 PCB 印制电路板的制作与测量

2.1 项 目 描 述

本项目主要内容：通过焊接简单的电子元器件电路，掌握 PCB 板的焊接方法，掌握万用表测量常用电子元器件以及电流、电压等常用电学量的方法，在测量过程中，掌握常用电子元器件和电学量的定义、性质和计算。

2.2 项 目 图 片

根据项目图片制作扬声器 PCB 电路板，掌握 PCB 板的焊接方法和万用表测量常用电学量的方法，掌握常用电学量的定义和计算。

扬声器 PCB 印制电路板如图 2-1 所示。

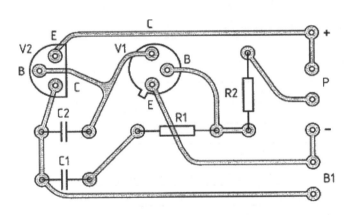

图 2-1 扬声器 PCB 印制电路板

V1：NPN 晶体管，如 BC237；

V2：PNP 晶体管，如 BC250；

R1：电阻 1kΩ；

R2：电阻 100kΩ；

C1：电容器 47 nF；

C2：电容器 10 nF；

B1：扬声器 8Ω/50 mW。

2.3 功能描述

任务一：PCB 印制电路板的焊接

如图 2-1 所示，通过焊接 PCB 电路板，掌握导线、电阻和 PCB 板的焊接技术，为今后复杂电路的焊接打下坚实的基础。

任务二：PCB 印制电路板的测量

能熟练运用万用表测量各种常用的电子元器件和电学量。

2.4 零件清单

任务所需零件清单如表 2-1 所示，并补充完整。

表 2-1　任务所需零件清单

名　称	型号或规格	单　位	数　量
电工常用工具	验电笔、钢丝钳、螺钉旋具(一字形和十字形)、电工刀、尖嘴钳、斜口钳、活动扳手、剥线钳等	套	1
数字式万用表	DT9205A 型	块	1
交流调压器	0～220 V	台	1
直流稳压电源	可调，0～30 V	台	1
碳膜电阻	100kΩ、1kΩ	个	10
印刷电路板	—	块	1
防护工具	绝缘手套、靴、垫等	套	1
导线	BV 1.5mm^2 BV，2.5mm^2，BVR 0.75mm^2	m	1
单、多股铜导线	BV 0.5mm^2	根	各5
镊子	医用	把	1
电烙铁	25W，内热式	把	1
三极管	BC 237、BC 250	个	10
电容器	47 nF、10 nF	个	10
扬声器	8Ω/50 mW	个	5

2.5　资　　讯

1. 万用表测量

万用表测量方法如表 2-2 所示。

表 2-2　万用表测量方法

测　量	测量方式	注意事项
直流电压	红色表笔插入"VΩmA"孔，黑色表笔插入"COM"(公共接地)孔。旋转开关在 V一位置，两表笔放到被测量两端，读出显示屏上显示的数据	1.把旋钮旋转到比估计值大的量程挡。2.若显示为"1."，则表明量程太小，那么要加大量程后再测量。3.若在数值左边出现"－"，则表明表笔极性与实际电源极性相反，此时红表笔接的是负极
交流电压	测量方式同直流电压，只是旋转开关在 V～位置。显示的是有效值	1.交流电压无正负之分。2.无论测交流还是直流电压，都要注意人身安全，不要随便用手触摸表笔的金属部分
直流电流	断开电路，黑表笔插入"COM"端口，红表笔插入"mA"或者"20A"端口，功能旋转开关打至 A一(直流)，并选择合适的量程，断开被测线路，将数字万用表串联到被测线路中，被测线路中电流从一端流入红表笔，经万用表黑表笔流出，再流入被测线路中，接通电路，读出 LCD 显示屏上显示的数字	1.估计电路中电流的大小。若测量大于 200mA 的电流，则要将红表笔插入"10A"插孔并将旋钮打到直流"10A"挡；若测量小于 200mA 的电流，则将红表笔插入"200mA"插孔，将旋钮打到直流 200mA 以内的合适量程。2. 将万用表串进电路中，保持稳定，即可读数。若显示为"1."，那么就要加大量程；如果在数值左边出现"－"，则表明电流是从黑表笔流进万用表
交流电流	测量方式同直流电流，只是旋转开关在 A～(交流)位置	1.交流电压无正负之分。2.如果使用前不知道被测电流的范围，将功能开关置于最大量程并逐渐下降。3.如果显示器只显示"1"，表示过量程，功能开关应置于更高量程。4.表示最大输入电流为 200mA，过量的电流将会烧坏保险丝，应再更换，20A 量程无保险丝保护，测量时不能超过 15s

续表

测　量	测量方式	注意事项
电阻	首先将红表笔插入"VΩ"孔,黑表笔插入"COM"孔,量程旋钮打到"Ω"量程挡的适当位置,分别用红黑表笔接到电阻两端金属部分,读出显示屏上显示的数据	测量电阻时,待测电路必须绝对无电压,所有电容器必须放电
导线导通性	红色表笔插入"VΩmA"孔,黑色表笔插入"COM"(公共接地)孔。旋转开关在标有蜂鸣标志的挡位,两表笔放到被测导线两端(导线两头剥皮,使其露出金属部分),电阻小于30Ω时,蜂鸣器发声	蜂鸣器发出滴声,证明导线正常;无滴声,证明导线开路,需更换导线

说明:"**H**"为数据保持提示符,"—"表示显示负的读数,"**🔋**"为电池欠压提示符,"hFE"为晶体管放大倍数提示,"℃"为摄氏温度符号,"**▶┤**"为二极管测量提示符,"**Ⴇ**"为电路通断测量提示符,"**⚡**"为高压提示符。

2. 导线的材料

1)　选用导线材料时应考虑的因素

(1)　导电性能好,即电阻率(ρ)小。

(2)　不容易氧化和耐腐蚀。

(3)　有较好的机械强度,能承受一定的拉力。

(4)　延展性好,容易拉制成线材,方便焊接。

(5)　资源丰富,价格便宜。

2)　选用导电材料

各种导电材料的相关性能,如表 2-3 所示。

表 2-3　各种导电材料的相关性能

材　料	电阻率/($\Omega \cdot m$)	密度/($kg \cdot m^{-3}$)	机械强度	抗氧化和腐蚀	焊接性能与延展性能	资源与价格
铜	1.724×10^{-8}	黄铜 8.5×10^3 紫铜 8.9×10^3	比铝好	好	好	资源丰富、价格比较高
铝	2.864×10^{-8}	2.7×10^3	比铜稍差	稍逊于铜	焊接工艺复杂、质硬、可塑性差	资源丰富、价格低廉
铁	10.0×10^{-8}	7.8×10^3	最好	差	好	资源丰富、价格比铝低

3)　选用常用导线

(1)　常用导线的类型。

①　裸线。

裸线是指只有导体部分而没有绝缘保护层结构,如图 2-2 所示。常用的裸线有软线和型线两种，软线是由多股铜线或镀锡铜线胶合编织而成，其特点是柔软、耐振动、耐弯曲。

② 电磁线。

电磁线应用于电机、电器及电工仪表中，作为绕组或元件的绝缘导线。常用的电磁线有漆包线和绕包线两类。漆包线的绝缘层是漆膜，广泛用于中小型电动机及微型电动机、干式变压器及其他电工产品。绕包线是用玻璃丝、绝缘纸或合成树脂薄膜紧密绕包在导线芯上，形成绝缘层，一般用于大中型电工产品，如图 2-3 所示。

图 2-2　裸线　　　　　　　　　　　　　图 2-3　电磁线

③ 绝缘电线电缆。

绝缘电线电缆一般由导体、绝缘层和保护层三部分组成，广泛应用于照明和电气控制线路中。常用的绝缘电线电缆有以下几种：聚氯乙烯绝缘电线、聚氯乙烯绝缘软线、丁腈聚氯乙烯混合物绝缘软线、橡皮绝缘电线、农用地下直埋铝芯塑料绝缘电线、橡皮绝缘棉纱纺织软线、聚氯乙烯绝缘层尼龙护套电线、电力和照明用聚氯乙烯绝缘软线等，如图 2-4 所示。

④ 通信电缆。

通信电缆是指用于近距离音频通信、远距离高频载波和数字通信及信号传输电缆。根据通信电缆的用途和适用范围，可分为六大系列产品，即市内通信电缆、长途对称电缆、同轴电缆、海底电缆、光纤电缆和射频电缆，如图 2-5 所示。

图 2-4　绝缘电线电缆　　　　　　　　　图 2-5　通信电缆

(2) 导线的型号命名法。

导线代号的意义具体如表 2-4 所示，导线命名规则如图 2-6 所示。

表 2-4　导线代号的意义

分　类		代号	分　类		代号	分　类		代号
用途	安装用电线	A	绝缘材料	聚氯乙烯	V	护套	编织套	B
	固定布线用电缆	B		氟塑料	F		蜡克	L
	飞机用低压线	F		聚乙烯	Y		尼龙套	N
	连接用软电线	R		橡皮	X		尼龙丝	SK
	日用电器用软线	R		天然丝	ST	派生特征	屏蔽	P
	工业移动电器用线	Y		聚丙烯	B		软	R
	天线	T		双丝包	SE		双绞	S
绝缘材料	铜导体	省略	护套	聚氯乙烯	V		平型	B
	铝导体	L		橡套	H		特种	T

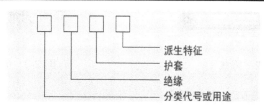

图 2-6　导线命名规则

(3) 常用绝缘导线和应用范围。

绝缘导线常用于照明电路和各种动力配件系统,即工作于 AC500V 或 DC1000V 的工作环境中。其各品种与用途如表 2-5 所示。

表 2-5　常用的绝缘导线品种与用途

名　称	常用型号		主要用途
	铜芯	铝芯	
棉纱编织橡胶绝缘导线	BV	BLV	用来作为交直流额定电压为 500V 及以下的户内照明和动力线路的敷设导线,以及户外沿墙支架线路的架设导线
橡皮绝缘电线	BX	BLX	固定敷设于室内(明敷、暗敷或穿管),也可用于室外,还可作为设备内部安装用线
聚氯乙烯绝缘软导线	BVR	—	同 BV 型,安装时要求柔软的场合
聚氯乙烯绝缘护套导线	BVV	BLVV	用于潮湿的机械防护要求较高的场合,可直接埋在土壤中,内有两根或三根线芯
聚丁橡胶绝缘导线	BXF	BLXF	固定敷设,可明敷、暗敷,尤其适用于室外
橡胶绝缘聚丁橡胶护套导线	BXHF	BLXHF	固定敷设,适用于干燥场所或潮湿场所
聚氯乙烯绝缘软线	RV	—	交流额定电压 250V 以下日用电器、照明灯头接线、无线电设备等
聚氯乙烯绝缘平型软线	RVB	—	
聚氯乙烯绝缘胶型软线	RVS	—	

（4）导线的选择。

① 线材的选用要从电路的条件、环境的条件和机械强度等多方面综合考虑。

② 导线在电路中工作时的电流要小于允许电流。导线很长时，要考虑导线电阻对电压的影响。使用时，电路的最大电压应低于额定电压，以保证安全。对不同的频率选用不同的线材，要考虑到高频信号的趋肤效应。在射频电路中要选用同轴电缆馈线，以防止信号的反射波。

③ 环境条件：所选择的电线应具备良好的拉伸强度、耐磨损性和柔软性，质量要轻，以适应天南地北的机械振动等条件。所选线材应能适应环境温度的要求，因为环境温度会使电线的敷层变软或变硬，以至于变形、开裂，甚至短路。选用线材还应考虑安全性，防止火灾和人身事故的发生。易燃材料不能作导线的敷层。

④ 导线颜色的选用：为了整机装配及维修方便，导线和绝缘套管的颜色选用，要符合习惯、便于识别，通常导线颜色按表 2-6 的规定选用。

表 2-6　导线的颜色选用规则

电路种类		导线颜色
一般 AC 电路		①白；②灰
AC 电源线	相线 A	黄
	相线 B	绿
	相线 C	红
	工作零线	淡蓝
	保护零线	黄绿双色
DC 线路	+	①红；②棕；③黄
	GND	①黑；②紫
	−	①蓝；②白底青纹
晶体管电路	E	①红；②棕
	B	①黄；②橙
	C	①青；②绿
立体声电路		①红；②橙
		①白；②灰

（5）导线连接的要求。

接触电阻要与原值约等；机械强度不小于原有的 80%；绝缘性好，耐腐蚀性好；接线紧密，工艺美观。

① 单股芯线的连接。

作一字形连接时，将两导线端去其绝缘层作 X 相交，互相绞合 2～3 匝，两线端分别紧密地向芯线上并绕 6 圈(其中双芯线连接时绕 5 圈)，剪去多余线端，钳平切口，如图 2-7 所示。

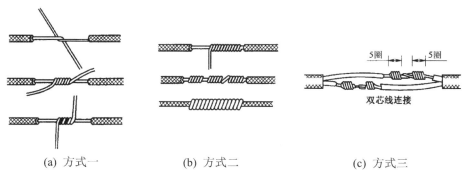

(a) 方式一   (b) 方式二   (c) 方式三

图 2-7　单股芯线的一字形连接法

作 T 字分支连接时，支线端和干线十字相交，使支线芯线根部留出约 3mm 后在干线缠绕一圈，再环绕成结状，收紧线端向干线并绕 5～6 圈，剪去余线，如图 2-8 所示。

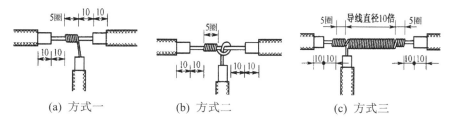

(a) 方式一   (b) 方式二   (c) 方式三

图 2-8　单股芯线的 T 字形连接法

单股芯线的十字形连接法，如图 2-9 所示。单股芯线的人字形连接法，如图 2-10 所示。

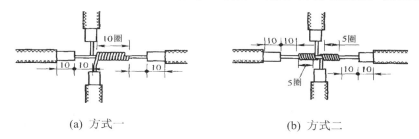

(a) 方式一   (b) 方式二

图 2-9　单股芯线的十字形连接法

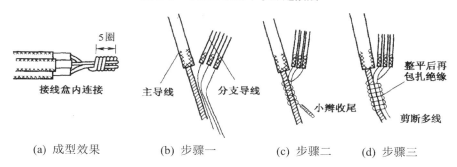

(a) 成型效果   (b) 步骤一   (c) 步骤二   (d) 步骤三

图 2-10　单股芯线的人字形连接法

②　多股芯线的连接。

多股芯线作一字形连接时，剥去导线的绝缘层和保护层，将线头全长的 2/3 分散成一根、两根、三根三组形成伞骨状，两伞骨状树权，在一端分出近相邻的两股芯线扳至垂直，顺时针方向并绕两圈后扳成直角使与干线贴紧，同样连接一组两根芯线，最后三股芯线绕至根部，如图 2-11 所示。

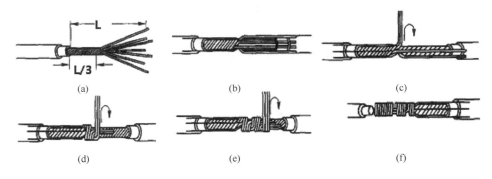

图 2-11　多股芯线的一字形连接法

多股芯线机械压接法，如图 2-12 所示。

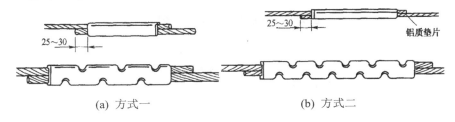

图 2-12　多股芯线机械压接法

多股芯线作 T 形连接时，在支线留出的连接线头 1/8 的根部进一步绞紧，余部分散，支线线头分成两组，四根一组地插入干线的中间，将三股芯线的一组往干线一边按顺时针缠绕 3～4 圈，剪去余线，钳平切口。另一端用相同的方法缠绕 4～5 圈，剪去余线，如图 2-13 所示。

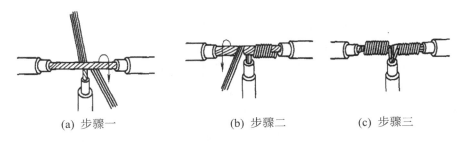

图 2-13　多股芯线 T 形连接法

③　导线与柱形端子、瓦形垫圈端子的连接。

剥去适当长度绝缘层，将单股芯线按略大于瓦形垫圈螺钉直径弯成"U"形，使螺钉

从瓦形垫圈下穿过"U"形导线，旋紧螺钉。导线与瓦形垫圈端子的连接法如图 2-14 所示，单股芯线压接圈的压接方法如图 2-15 所示，导线与瓦形垫圈端子的连接法如图 2-16 所示。

(a) 孔大小较适宜时的连接　　(b) 孔过大时的连接　　(c) 孔过小时的连接

图 2-14　线头与针孔接线柱的连接

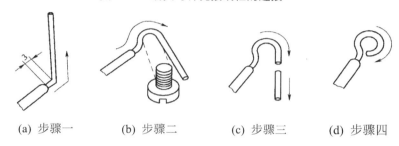

(a) 步骤一　　(b) 步骤二　　(c) 步骤三　　(d) 步骤四

图 2-15　单股芯线压接圈的压接方法

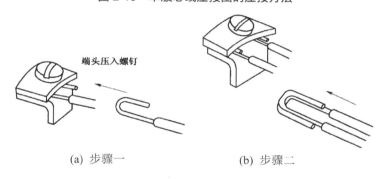

(a) 步骤一　　　　　　(b) 步骤二

图 2-16　单股芯线与针孔接线柱的连接

④　绝缘带及包缠方法。

● **绝缘带**：在线头连接完成后，破损的绝缘层必须恢复。恢复后的绝缘强度应不低于原有的绝缘强度，在恢复导线绝缘中，常用的绝缘材料有黑胶布、黄蜡带、自黏性绝缘橡胶带、电气胶带等，一般绝缘带宽度为 10～20mm 较为合适。其中，电气胶带因颜色有红、绿、黄、黑，又称相色带。

● **包缠方法**：包缠时，先将黄蜡带从线头的一边在绝缘层离切口 40mm 开始包缠，使黄蜡带与导线保持 55°倾斜角，后一圈叠压在前一圈 1/2 的宽度上。黄蜡带包缠完以后，将黑胶布接在黄蜡带的尾端，朝相反的方向斜叠包缠，仍倾斜 55°角，后一圈叠压在前一圈 1/2 处，如图 2-17 所示。

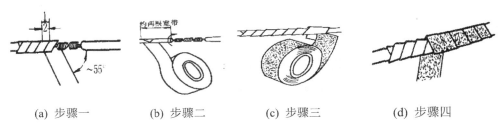

(a) 步骤一　　　　(b) 步骤二　　　　(c) 步骤三　　　　(d) 步骤四

图 2-17　绝缘带的包缠

⑤ 热缩管。

为使线头具有更高的绝缘特性，可使用喷灯加热热收缩套管。首先截取一段热收缩套管，其应长于胶带在接头导线上缠绕的长度。将截取的热收缩套管事先套在其中一根导线上，使用黄蜡带将导线接头处包缠，然后使热收缩套管将接头处整个套住。点燃喷灯，调整好火焰，手持喷灯，火从热收缩套管中间向两侧反复喷烤，使热收缩套管受热紧贴在导线上。热收缩套管紧固的导线还具有防水的特性。

3. 电烙铁的基本知识和使用方法

1) 电烙铁简介

(1) 外热式电烙铁。

外热式电烙铁一般由烙铁头、烙铁芯、外壳、手柄、插头等部分组成。烙铁头安装在烙铁芯内，用热传导性好的铜为基体的铜合金材料制成。烙铁头的长短可以调整(烙铁头越短，其温度就越高)，且有凿式、尖锥形、圆面形、圆、尖锥形和半圆沟形等不同的形状，以适应不同焊接面的需要。

(2) 内热式电烙铁。

内热式电烙铁由连接杆、手柄、弹簧夹、烙铁芯、烙铁头(也称铜头)五个部分组成。烙铁芯安装在烙铁头的里面(发热快，热效率高达 85%～100%)。烙铁芯采用镍铬电阻丝绕在瓷管上制成，一般 20W 电烙铁其电阻为 2.4kΩ 左右，35W 电烙铁其电阻为 1.6kΩ 左右。常用的内热式电烙铁的工作温度如表 2-7 所示。

表 2-7　常用的内热式电烙铁工作温度

电烙铁功率/ W	20	25	45	75	100
端头温度/ ℃	350	400	420	440	455

一般来说，电烙铁的功率越大，热量越大，烙铁头的温度越高。焊接集成电路、印制线路板、CMOS 电路一般选用 20W 内热式电烙铁。使用的烙铁功率过大，容易烫坏元器件(一般二极管、三极管节点温度超过 200℃时就会烧坏)和使印制导线从基板上脱落；使用的烙铁功率太小，焊锡不能充分熔化，焊剂不能挥发出来，焊点不光滑、不牢固，容易产生虚焊。焊接时间过长，也会烧坏器件，一般每个焊点在 1.5～4s 内完成。

(3) 其他烙铁。

① 恒温电烙铁。

恒温电烙铁的烙铁头内，装有磁铁式的温度控制器来控制通电时间，从而实现恒温的目的。在焊接温度不宜过高、焊接时间不宜过长的元器件时，应选用恒温电烙铁，但其价格高。

② 吸锡电烙铁。

吸锡电烙铁是将活塞式吸锡器与电烙铁融于一体的拆焊工具，它具有使用方便、灵活、适用范围宽等特点。其不足之处是每次只能对一个焊点进行拆焊。

③ 气焊烙铁。

气焊烙铁是一种用液化气、甲烷等可燃气体燃烧加热烙铁头的烙铁。适用于供电不便或无法供给交流电的场合。

　2) 电烙铁的选择

(1) 选用电烙铁一般遵循以下原则。

① 烙铁头的形状要适应被焊件物面要求和产品装配密度。

② 烙铁头的顶端温度要与焊料的熔点相适应，一般要比焊料熔点高 30～80℃(不包括在电烙铁头接触焊接点时下降的温度)。

③ 电烙铁热容量要恰当。烙铁头的温度恢复时间要与被焊件物面的要求相适应。温度恢复时间是指在焊接周期内，烙铁头顶端温度因热量散失而降低后，再恢复到最高温度时所需的时间。它与电烙铁功率、热容量以及烙铁头的形状、长短有关。

(2) 选择电烙铁的功率原则如下。

● 焊接集成电路、晶体管及其他受热易损件的元器件时，考虑选用 20W 内热式电烙铁或 25W 外热式电烙铁。

● 焊接较粗导线及同轴电缆时，考虑选用 50W 内热式电烙铁或 45～75W 外热式电烙铁。

● 焊接较大元器件时，应选用 100W 以上的电烙铁。

　3) 电烙铁的使用

(1) 电烙铁的握法。

● 反握法：用五指把电烙铁的柄握在掌内。此法适用于大功率电烙铁焊接散热量大的被焊件。

● 正握法：此法适用于较大的电烙铁，弯形烙铁头的电烙铁一般也用此法。

● 握笔法：用握笔的方法握电烙铁。此法适用于小功率电烙铁，焊接散热量小的被焊件，如焊接收音机、电视机的印制电路板及其维修等。

(2) 电烙铁使用前的处理。

① 在使用前先通电给烙铁头"上锡"。首先用锉刀把烙铁头按需要锉成一定的形状，然后接上电源，当烙铁头温度升到能熔锡时，将烙铁头在松香上蘸涂一下，等松香冒烟后再蘸涂一层焊锡，如此反复进行两至三次，使烙铁头的刃面全部挂上一层锡便可使

用了。

② 电烙铁不宜长时间通电而不使用，这样容易使烙铁芯加速氧化而烧断，缩短其寿命，同时也会使烙铁头因长时间加热而氧化，甚至被"烧死"，不再"吃锡"。

(3) 电烙铁使用注意事项。

● 根据焊接对象合理选用不同类型的电烙铁。

● 使用过程中不要任意敲击电烙铁头以免损坏。内热式电烙铁连接杆钢管壁厚度只有 0.2mm，不能用钳子夹以免损坏。在使用过程中应经常维护，保证烙铁头始终挂上一层薄锡。

4) 焊料。

① 焊料是一种易熔金属，它能使元器件引线与印制电路板的连接点连接在一起。锡(Sn)是一种质地柔软、延展性好的银白色金属，熔点为 232℃，在常温下化学性能稳定，不易氧化，不失金属光泽，抗大气腐蚀能力强。铅(Pb)是一种较软的浅青白色金属，熔点为 327℃，高纯度的铅耐大气腐蚀能力强，化学稳定性好，但对人体有害。锡中加入一定比例的铅和少量其他金属可制成熔点低、流动性好、对元件和导线的附着力强、机械强度高、导电性好、不易氧化、抗腐蚀性好、焊点光亮美观的焊料，一般称为焊锡。

② 焊锡按含锡量的多少可分为 15 种，按含锡量和杂质的化学成分可分为 S、A、B 三个等级。手工焊接常用丝状焊锡。

5) 焊剂

(1) 助焊剂。

助焊剂一般可分为无机助焊剂、有机助焊剂和树脂助焊剂，能溶解去除金属表面的氧化物，并在焊接加热时包围金属的表面，使之和空气隔绝，防止金属在加热时氧化；可降低熔融焊锡的表面张力，有利于焊锡的湿润。

(2) 阻焊剂。

阻焊剂限制焊料只在需要的焊点上进行焊接，把不需要焊接的印制电路板的板面部分覆盖起来保护面板，使其在焊接时受到的热冲击小，不易起泡，同时还起到防止桥接、拉尖、短路、虚焊等情况。使用焊剂时，必须根据被焊件的面积大小和表面状态适量施用，用量过小则影响焊接质量；用量过多，焊剂残渣将会腐蚀元件或使电路板绝缘性能变差。

6) 对焊接点的基本要求

● 焊点要有足够的机械强度，保证被焊件在受振动或冲击时不致脱落、松动。不能用过多的焊料堆积，这样容易造成虚焊、焊点与焊点的短路。

● 焊接可靠，具有良好的导电性，必须防止虚焊。虚焊是指焊料与被焊件表面没有形成合金结构，只是简单地依附在被焊金属表面上。

● 焊点表面要光滑、清洁，焊点表面应有良好光泽，不应有毛刺、空隙，无污垢尤其是焊剂的有害残留物质，要选择合适的焊料与焊剂。

7) 手工焊接的基本操作方法

(1) 准备好电烙铁以及镊子、剪刀、斜口钳、尖嘴钳、焊料、焊剂等工具，将电烙铁及焊件搪锡，左手握焊料，右手握电烙铁，保持随时可焊状态。

(2) 用电烙铁加热备焊件。

(3) 送入焊料，熔化适量焊料。

(4) 移开焊料。

(5) 当焊料流动覆盖焊接点时，迅速移开电烙铁。

掌握好焊接的温度和时间。在焊接时，要有足够的热量和温度。如温度过低，焊锡流动性差，很容易凝固，形成虚焊；如温度过高，将使焊锡流淌，焊点不易存锡，焊剂分解速度加快，使金属表面加速氧化，并导致印制电路板上的焊盘脱落。尤其在使用天然松香作助焊剂时，焊锡温度过高，容易氧化脱皮而产生碳化，造成虚焊。

8) 印制电路板的焊接过程

(1) 焊前准备。

首先要熟悉所焊印制电路板的装配图，并按图纸配料，检查元器件型号、规格及数量是否符合图纸要求，并做好装配前元器件引线成型等准备工作。

(2) 焊接顺序。

元器件装焊顺序依次为电阻器、电容器、二极管、三极管、集成电路、大功率管，其他元器件为先小后大。

(3) 焊接元器件的要求。

① 电阻器的焊接。

将电阻器准确地装入规定位置。要求标记向上，字的方向一致。装完同一种规格后再装另一种规格，尽量使电阻器的高低一致。焊完后将露在印制电路板表面的多余引脚齐根剪去。

② 电容器的焊接。

将电容器按图装入规定位置，并注意有极性电容器的"+"与"-"极不能接错，电容器上的标记方向要容易看见。先装玻璃釉电容器、有机介质电容器、瓷介电容器，最后装电解电容器。

③ 二极管的焊接。

焊接二极管时要注意以下几点：第一，注意阳极、阴极的极性，不能装错；第二，型号标记要容易看见；第三，焊接立式二极管时，对最短引线焊接时间不能超过 2s。

④ 三极管的焊接。

e、b、c 三引线位置插接应正确；焊接时间尽可能短，焊接时用镊子夹住引线脚，以利散热。焊接大功率三极管时，若需加装散热片，应将接触面平整、打磨光滑后再紧固，若要求加垫绝缘薄膜时，切勿忘记加薄膜。管脚与电路板上需连接时，要用塑料导线。

⑤ 集成电路的焊接。

首先按图纸要求，检查型号、引脚位置是否符合要求。焊接时先焊边沿的两只引脚，使其定位，然后再从左到右、自上而下地逐个焊接。

对于电容器、二极管、三极管露在印制电路板面上的多余引脚均需齐根剪去。

9)　拆焊的方法

在调试、维修过程中，或由于焊接错误对元器件进行更换时就需拆焊。拆焊方法不当，往往会造成元器件的损坏、印制导线的断裂或焊盘的脱落。良好的拆焊技术，能保证调试、维修工作的顺利进行，避免由于更换器件不得法而增加产品的故障率。

普通元器件的拆焊方法如下。

①　选用合适的医用空心针头拆焊。

②　用铜编织线进行拆焊。

③　用气囊吸锡器进行拆焊。

④　用专用拆焊电烙铁拆焊。

⑤　用吸锡电烙铁拆焊。

4. 电路及基本物理量

1)　电路

①　电路的定义：电路是由电器元件按一定方式连接起来的总体，为电流流通提供了路径。

②　电路的作用：能量转换和传输(供电电路、电器设备控制电路)；信号传递和处理(通信电路、测量电路)。

2)　电路模型

大家很熟悉手电筒，下面我们来看看手电筒电路，如图 2-18 所示。

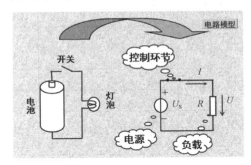

图 2-18　手电筒电路模型

通过图 2-18，我们可以得到其电路模型。

那么何为电路模型？

(1)　电路模型：由理想电路元件组成的电路。

理想电路元件：将实际元/器件加以理想化，在一定条件下忽略其次要电磁性质，用足以表征其主要电磁性质的理想化的电路元件来表示。

例如，电阻元件(R)消耗电能；电感元件(L)储存磁场能量；电容元件(C)储存电场能量。

(2)　关于电路图，常见的有原理图、装配图和电路模型图。

①　原理图：只表示线路的接法。

② 装配图：表示电路的实际接法，还画出有关部分的装置与结构，反映出电路的几何尺寸和各元件实际形状。

③ 电路模型图：由理想电路元件通过一定的连接构成。

前两种电路图用于工程中安装、检修和调试；后者用于电路分析。

在手电筒电路模型图中，有三种常见的物理量——电流、电压、电阻，下面我们结合实际，介绍常见的物理量。

3) 电路基本的电气参数

(1) 电流的基本概念。

① 定义：带电粒子的定向移动称为电流，其大小用电流强度表示。物理量符号：I(直流)，i(交流)；单位符号：A。

电流强度：单位时间内通过导体某一横截面的电荷量。

② 单位换算：如表 2-8 所示。

表 2-8 电流、电压、电阻单位换算表

类　别	国际单位	常用单位	换算关系
电压	伏特(V)	千伏(kV)	$1kV=1000V$
		伏特(V)	
		毫伏(mV)	$1V=1000mV$
		微伏(μV)	$1mV=1000μV$
电流	安培(A)	安培(A)	$1kA=1000A$
		毫安(mA)	$1A=1000mA$
		微安(μA)	$1mA=1000μA$
		纳安(nA)	$1μA=1000nA$
		皮安(pA)	$1nA=1000pA$
电阻	欧姆(Ω)	吉欧(GΩ)	$1TΩ=1000GΩ$
		兆欧(MΩ)	$1GΩ=1000MΩ$
		千欧(kΩ)	$1MΩ=1000kΩ$
		欧姆(Ω)	$1kΩ=1000Ω$

习惯上将正电荷的移动方向规定为电流的方向。

③ 表示方法。

在电路图中，元件的电流参考方向一般用箭头表示，在文字叙述时也可用电流符号加双下标表示，如 i_{ab}，它表示电流由 a 流向 b，并有 $i_{ab}=-i_{ba}$。

④ 交流电流和直流电流。

交流电流(AC)：电流的大小和方向随时间变化的叫作交流电流。

直流电流(DC)：电流的大小和方向始终不变的叫作直流电流。

(2) 电压的基本概念。

① 定义：单位正电荷由电路的 a 点移动到 b 点所获得或失去的能量，称为 a、b 两点间的电压。

② 实际方向：若电荷从 $a{\to}b$ 为失去能量时，方向为 $a{\to}b$，且 a 为+，b 为-，即 a 点为高电位，b 点为低电位。所以电压的实际方向为从高电位指向低电位。

③ 表示方法。

在电路图中，电压的参考方向可以用"+""-"极性表示，还可以用双下标表示，并有 $U_{ab}{=}{-}U_{ba}$。

④ 交流电压和直流电压。

交流电压：电压的大小和方向随时间变化的叫作交流电压。

直流电压：电压的大小和方向始终不变的叫作直流电压。

⑤ 电位。

电位是衡量电荷在电路中某点所具有能量的物理量。电位是相对的，电路中某点电位的大小与选择的参考点(零电位点)有关。

示例：

已知电路中 a 点电位 $V_a{=}20\text{V}$，b 点电位 $V_b{=}15\text{V}$，则 a、b 之间的电压 $U_{ab}{=}V_a{-}V_b{=}5\text{V}$。

在如图 2-19 所示的电路中，U_{ab} 为(　　　)。

A. 10V　　　　　　B. 2V　　　　　　C. -2V　　　　　　D. -10V

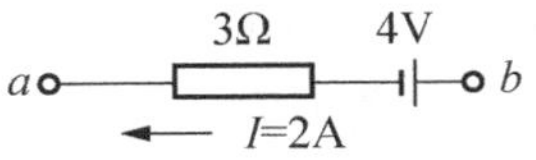

图 2-19　电路图

解：$U_{ab}{=}{-}2{\times}3{-}4{=}{-}10\text{V}$，故选 D。

单位换算：如表 2-8 所示。

(3) 电阻的基本概念。

① 物理意义：物理学中，用电阻来表示导体对电流阻碍作用的大小。

② 电阻的定义式：

$$R=U/I \tag{2-1}$$

③ 电阻定律。

同种材料的导体，其电阻 R 与它的长度 l 成正比，与它的横截面积 S 成反比，导体的电阻还与构成它的材料有关。其表达式为

$$R =(\rho\, l)/S \tag{2-2}$$

其中：ρ 叫作电阻率($\Omega\cdot\text{m}$)，是由导体的材料决定的。

电阻率与温度的关系如表 2-9 所示。

表2-9　不同材料电阻率与温度的关系

材　　料	电阻率与温度的关系
金属	电阻率随温度升高而增大
半导体	电阻率随温度升高而减小
超导体	当温度降低到绝对零度附近时,某些材料的电阻率突然减小到零,成为超导体

示例:

对于一根阻值为 R 的均匀金属丝,求:i. 若将金属丝均匀拉长为原来的 2 倍,则电阻变为多少? ii. 若将金属丝从中点对折起来,则电阻变为多少?

解:i. $4R$。

ii. $1/4R$。

单位换算如表2-8所示。

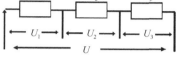

图 2-20　串联电路

(4) 串联电路:把导体依次首尾相连,就组成串联电路,如图2-20所示。

① 串联电路中各处的电流处处相等

$$I_1 = I_2 = I_3 = \cdots = I_n \tag{2-3}$$

② 串联电路的总电压等于各部分电路两端电压之和

$$U = U_1 + U_2 + U_3 + \cdots + U_n \tag{2-4}$$

③ 串联电路的总电阻等于各个导体电阻之和

$$R = R_1 + R_2 + R_3 + \cdots + R_n \tag{2-5}$$

④ 串联电路中各个电阻两端电压跟它们的阻值成正比

$$\frac{U}{R} = \frac{U_1}{R_1} = \frac{U_2}{R_2} = \frac{U_3}{R_3} = \cdots = \frac{U_n}{R_n} = I \tag{2-6}$$

在串联电路中,串联电阻越多,总电阻越大。

(5) 并联电路:把几个导体并列地连接起来,就组成并联电路,如图2-21所示。

① 并联电路各支路两端的电压相等

$$U_1 = U_2 = U_3 = \cdots = U_n \tag{2-7}$$

② 并联电路中总电流等于各支路的电流之和

$$I = I_1 + I_2 + I_3 + \cdots + I_n \tag{2-8}$$

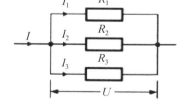

图 2-21　并联电路

③ 并联电路的总电阻的倒数等于各个导体电阻倒数之和

$$\frac{1}{R} = \frac{1}{R_1} + \frac{1}{R_2} + \frac{1}{R_3} + \cdots + \frac{1}{R_n} \tag{2-9}$$

④ 并联电路中通过各个电阻的电流与它的阻值成反比

$$\frac{I_1}{I_2} = \frac{R_2}{R_1} \qquad\qquad (2\text{-}10)$$

在并联电路中，并联电阻越多，总电阻越小。

(6) 混联电路：电路中电阻元件既有串联又有并联的连接方式，称为电阻的混联。如图 2-22 所示，求 ab 间的总电阻是多少？

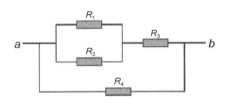

图 2-22　混联电路

解：$R_{ab} = (R_1 // R_2 + R_3) // R_4$

混联电路的计算步骤如下。

(1) 把电路进行等效变换。

(2) 先计算各电阻串联和并联的等效电阻值，再计算电路总的等效电阻。

(3) 由电路的总的等效电阻值和电路的端电压计算电路的总电流。

(4) 利用电阻串联的分压和电阻并联的分流关系，计算各部分的电压及电流。

4) 欧姆定律

(1) 内容：导体中的电流与导体两端的电压成正比，与导体的电阻成反比。

(2) 表达式：$I=U/R$。

(3) 适用范围：适用于金属导体和电解液导电，适用于纯电阻电路。

示例：一个灯泡的额定电压是 12V，等效电阻为 2Ω，问：流过灯泡的电流是多大？

解：$I=U/R=12/2=6A$。

5) 电功和电功率

(1) 电功。

① 定义：电流所做的功叫电功。根据能量转化和守恒定律，做功的过程对应能量的转化，电流做功也不例外，电流做功的过程，实际上是电能转化为其他形式能量的过程，且消耗了多少电能就获得了多少其他形式的能量。例如，电流通过电炉做功，电能转化为热能；电流通过电动机做功，电能转化为机械能和热能。

② 电功的计算。

电功的计算公式：

$$W = Pt = UIt = I^2 Rt = \frac{U^2}{R}t \qquad\qquad (2\text{-}11)$$

其物理意义是：电流在某段电路上所做的功，等于这段电路两端的电压、电路中的电流和通电时间的乘积。

③ 电功的单位。

电功的单位与其他功或能的单位一样，都是 J。计算时，各物理量的单位都要用国际单位制中的单位，得到的功的单位才是 J，因此计算时，要注意单位的统一。在日常生活中，常用"kW·h"作为电功的单位，$1kW·h = 3.6×10^6J$。

④ 电功的测量。

测量电功，也就是测量电路中消耗的电能，采用电能表，也称电度表。学会使用电能表，应对电能表铭牌上所标示的参量的意义有所了解，如某电能表铭牌上标有"220V、10A"和"3000r/kW·h"，其中"220V"表示电能表在 220V 电路上使用；"10A"表示此电能表允许通过的最大电流是 10A；"kW·h"表示电能的单位；"3000r/kW·h"表示每消耗 1kW·h 的电，电能表的转盘转 3000 转。

示例： 一定阻值的电阻，接在电压为 3V 的电路上，消耗的功率为 0.6W，求这个电阻的阻值，150min 电流做功多少 kW·h？

解：$R=U^2/P=15\Omega$

$W=UIt=0.6×10^{-3}×150/60=1.5×10^{-3}kW·h$（注意单位换算！）

(2) 电功率。

① 定义：电流在单位时间内所做的功叫作电功率，定义式 $P=W/t$。可见，电功率是用来描述电流做功快慢的物理量。电流做功快，则电功率大。而电流做功多，电功率不一定大，还要看电流做功的时间是多长。电功率的大小反映了电器通过的电流产生的效果的大小，如灯泡消耗的电功率大，则单位时间内电流通过灯泡所做的功多，或者说单位时间内灯泡消耗的电能越多，那么灯泡的亮度就越大。

② 电功率的计算。

i. 电功率的定义式：

$$P=W/t \tag{2-12}$$

通过计算时间 t 内电流所做的功 W，便可求得电功率。

ii. 由 $P=UI$，说明电功率的大小与电路两端电压 U 和通过电路的电流 I 两个因素有关。但不能认为电功率与电压成正比、与电流成正比，因为电路两端电压 U 变化时，电流 I 也随之变化。已知电路两端电压 U 和通过电路中的电流 I，可求出电功率，但要注意公式中的 P、U、I 是对于同一段电路而言的。

iii. 将欧姆定律 $I=U/R$ 代入 $P=UI$，可得到电功率的另外两个计算式 $P=I^2R$ 和 $P=U^2/R$，用这两个式子计算电功率时，只对纯电阻电路才适用。

③ 电功率的单位。

与其他功率的单位一样，电功率在国际单位制中的单位也是 W，常用单位有 kW，$1kW=10^3W$，1 瓦特(1W)=1 焦/秒(1J/s)。

示例： 某电能表表盘上标有"3000r/kW·h"，单独开动某一用电器，测得电能表 200 秒转 10 转，则该用电器消耗的功率是多大？

解："3000r/kW·h"的意义是：电能表的表盘转 3000 转表示消耗电能 1kW·h，则在 $t=200s$ 内转 10 转表示消耗电能 $10/3000×1kW·h$。

$$P=W/t=(10/3000×1kW·h)/200s=(10/3000×3.6×10^6J)/200s=60W$$

5. 电路中的电阻元件

电路中用电阻是为了限制高电压和大电流，或是为了得到所需要的电压和电流。

色环电阻分为 4 色环电阻、5 色环电阻和 6 色环电阻。这里具体讲述 4 色环电阻和 5 色环电阻的识读方法。

(1) 4 色环电阻的读法。

4 色环电阻的读法如图 2-23 和表 2-10 所示。阅读色环时先将电阻身上有金色或银色的一端放于右边，从左边向右边起，第 1 环代表数值的第 1 位数(即数目字列出在左边的第 1 个数)，第 2 环代表数值的第 2 位数(即数目字向右的第 2 个数)，第 3 环代表数值的第 3 位数(即数目字的第 3 个数)，第 4 环代表电阻值的误差值，常见的金色的误差率为±5%，银色的为±10%，当然能选购金色的品种是最好的，但价格稍高。为使学习者便于阅读各颜色与数值的关系，将之列成表 2-10，更容易明白。至于半可变及可变电阻的阻值，不会用色环来代表，而是将数值直接印在其外壳上。当阻值过大时，要用数字列出不容易，经常会看错、读错，如 1000000Ω，一百万欧姆。

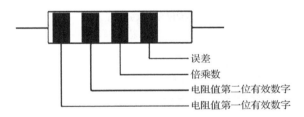

　　误差
　　倍乘数
　　电阻值第二位有效数字
　　电阻值第一位有效数字

图 2-23　4 色环电阻读法

当大的阻值写在电路图上时，会妨碍电路图的空间，因此要将其简化，用 k 及 M 字来代替其位数千位(10^3)和百万位(10^6)。例如：100000Ω写成 100kΩ，上面的 1000000Ω可写成 1MΩ。

表 2-10　4 色环电阻颜色代表的意义

颜　　色	第 1 位数	第 2 位数	第 3 位数	第 4 位：误差
黑	0	0	10^0	±20%
棕	1	1	10^1	±1%
红	2	2	10^2	±2%
橙	3	3	10^3	
黄	4	4	10^4	
绿	5	5	10^5	±0.5%
蓝	6	6	10^6	±0.25%
紫	7	7	10^7	±0.1%
灰	8	8	10^8	±0.05%
白	9	9	10^9	
金			10^{-1}	±5%
银			10^{-2}	±10%

示例:

① 4 色环电阻依次为: 棕黑黄银, 读为 100000Ω=100kΩ, 误差为±10%。

② 4 色环电阻依次为: 橙白棕银, 读为 390Ω, 误差为±10%。

③ 4 色环电阻依次为: 橙白红银, 读为 3900Ω=3.9kΩ, 误差为±10%。

④ 4 色环电阻依次为: 橙橙金银, 其中橙橙为 33 再乘上 10-1=3.9Ω, 误差为±10%。

⑤ 4 色环电阻依次为: 黄紫银银, 其中黄紫为 47 再乘上 10-2=0.47Ω, 误差为±10%。

从以上得知, 读 0.1~9.9Ω 电阻时一定要注意第三色环的标法, 因为它是乘的负数。

(2) 5 色环电阻的读法。

5 色环电阻读法如表 2-11 所示。对于一些初学者来说识别 4 色环电阻没有什么困难, 但要识别 5 色环电阻相对于 4 色环电阻要难一些。下面给一些不能熟练地识别 5 色环电阻的同学介绍几种简单的方法。

表 2-11　5 色环电阻读法

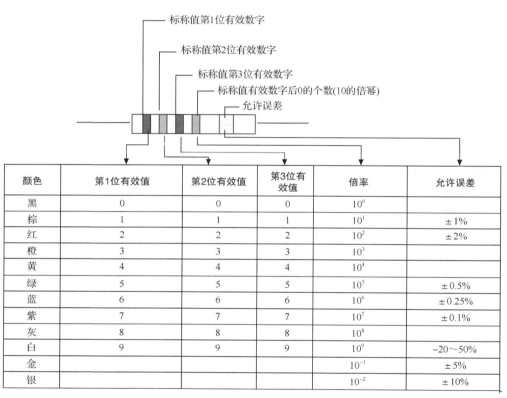

颜色	第1位有效值	第2位有效值	第3位有效值	倍率	允许误差
黑	0	0	0	10^0	
棕	1	1	1	10^1	±1%
红	2	2	2	10^2	±2%
橙	3	3	3	10^3	
黄	4	4	4	10^4	
绿	5	5	5	10^5	±0.5%
蓝	6	6	6	10^6	±0.25%
紫	7	7	7	10^7	±0.1%
灰	8	8	8	10^8	
白	9	9	9	10^9	−20~50%
金				10^{-1}	±5%
银				10^{-2}	±10%

识别哪是 5 色环电阻的第 1 环的方法: 4 色环电阻的偏差环一般是金或银, 因此不会识别错误, 而 5 色环电阻则不然, 其偏差环有与第 1 环(有效数字环)相同的颜色, 如果读反, 识读结果将完全错误。那么, 怎样正确地识别第 1 环呢? 其方法如下。

● 偏差环距其他环较远。

● 偏差环较宽。

● 第 1 环距端部较近。

- 有效数字环无金、银色(解释：若从某端环数起第 1、2 环有金或银色，则另一端环是第 1 环)。
- 偏差环无橙、黄色(解释：若某端环是橙或黄色，则一定是第 1 环)。
- 试读：一般成品电阻器的阻值不大于 22MΩ，若试读大于 22MΩ，说明读反了。

示例：

① 色环为：黄 紫 红 金　　　阻值=$47×10^2$=4700Ω=4.7kΩ，误差为±5%。

② 色环为：黄 蓝 黄 棕 棕　　阻值=464×10=4640Ω=4.64kΩ，误差为±1%。

6. 基尔霍夫定律

(1) 基尔霍夫电流定律(KCL)。

电流定律的第一种表述：在任何时刻，电路中流入任一节点中的电流之和，恒等于从该节点流出的电流之和

$$\sum[\text{流入}]=\sum\text{流出} \tag{2-13}$$

电流定律的第二种表述：在电路中，任何一个时刻，对电路中的任何一个节点，流出(或流入)该节点电流的代数和恒等于零，即

$$\sum I \equiv 0 \tag{2-14}$$

公式中，若取流出节点的电流为正，则流入节点的电流为负。KCL 反映了电流的连续性，说明节点上各支路电流的约束关系，它与电路中元件的性质无关。

示例：电流图如图 2-24 所示，对于 a 节点，如果 I_1=1A、I_2=-2A、I_4=3A。则 I_3 是多少？

解：根据 $\sum I \equiv 0$，则 $I_2 +I_3 - I_1 - I_4$=0。所以 I_3=6A。

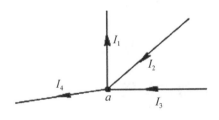

图 2-24　电流图

(2) 基尔霍夫电压定律(KVL)。

在任何一个时刻，按约定的参考方向，电路中任一回路上全部元件两端电压的代数和恒等于零，即

$$\sum U \equiv 0 \tag{2-15}$$

KVL 说明了电路中各段电压的约束关系，它与电路中元件的性质无关。式中，通常规定：凡支路或元件电压的参考方向与回路绕行方向一致者取正号，反之取负号。

示例：电路图如图 2-25 所示，E=(　　)V。

　　A. 3　　　　　　B.4　　　　　　　C. -4　　　　　　　D. -3

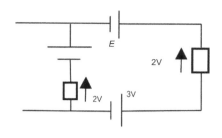

图 2-25　电路图

解：$E=-(-2)+3+2-3=4V$，所以选 B。

2.6　电　路　图

焊接电路图如图 2-26 所示。

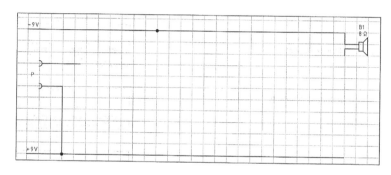

图 2-26　焊接电路图

2.7　引导性问题

任务一：PCB 印制电路板的焊接

1. 在电气设备符号表 2-12 中填入缺失的名称和电路符号。

表 2-12　电气设备符号

名称	电池						开关
图片							
电路符号							

注意：

1. 图片显示了电气工程中常见的开关。

2. 其中根据 DIN40711，导线连接可以显示有点，也可以显示没有点。

2. 根据物质的导电性，物质可以分成哪三种？

*＿＿＿＿＿＿＿　　*＿＿＿＿＿＿＿　　*＿＿＿＿＿＿＿

3. 正确判断表 2-13 所示物质是导体还是绝缘材料。

表 2-13　导体和绝缘材料

物质	银	玻璃	铝	空气	橡胶	铜	陶瓷	塑料
导体								
绝缘体								

注意：室温+20℃时的导体和绝缘材料。

4. 以下哪些用电器在使用过程中体现了电气设备电流效应表 2-14 中给出的电流效应？

继电器、电烙铁、荧光灯、接触器、牲畜围栏、浸入式煮水器、蓄电池(充电时)、白炽灯、电镀浴、电熔炉、电磁铁。

表 2-14　电气设备的电流效应

热效应	光效应	磁效应	化学效应	生理效应

5. 补充完整电机开关电路(见图 2-27)。

注意：一个电机(普通开关符号：圆圈中间有一个 M)应通过手持开关投入运行。一个发电机(普通开关符号：在正方形中间有一个大写 G)。

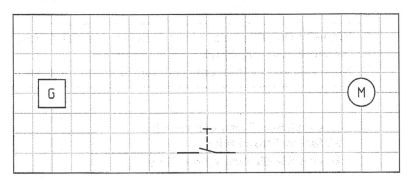

图 2-27　电机开关电路

6. 为什么金属(如铜)电流特别好？

＿＿＿＿＿＿＿＿＿＿＿＿＿＿＿＿＿＿＿＿＿＿＿＿＿＿＿＿＿＿＿＿＿＿＿＿＿

7. 当电流流过金属导体时，会发生什么？

＿＿＿＿＿＿＿＿＿＿＿＿＿＿＿＿＿＿＿＿＿＿＿＿＿＿＿＿＿＿＿＿＿＿＿＿＿

8. 电流强度如何设定？

9. 图 2-28 显示了具有流动方向的金属导体的简化截面电子。在方框中画出电流当前的方向。

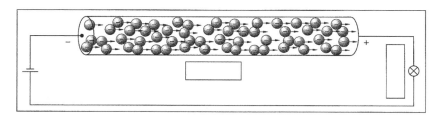

图 2-28 导体中的电流

10. 完成电流强度表，如表 2-15 所示。

表 2-15 电流强度

符号	
单位名称	
单位符号	

11. 请为表 2-16 中的示例写出电流强度的大概值。

表 2-16 电流强度值

示　例	电流强度
家用灯	
家用加热器	
有轨电车的电机	
炼钢电炉	

12. 转换电流值所需的单位，如表 2-17 所示。

表 2-17 电流值转换表

1kA =_____A	1mA =_____A	0.005 kA =_____A	0.5A=_____mA
1mA=_____μA	600 A =_____kA	0.36A=_____mA	2 mA =_____A
250mA=_____A	3 A =_____mA	20 mA =_____A	100kA=_____A

13. 电流表如何连接？

14. 完成图 2-29 所示的电流表电路，并画出灯泡的电流方向。

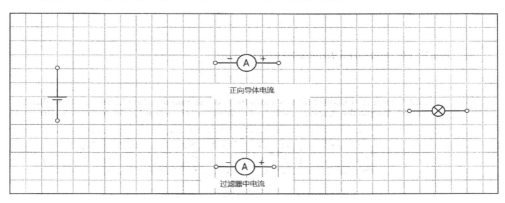

图 2-29 电流测量

15. 10A 的电流流入直径为 1.38 mm 的铜导体内。如果对于铜每 cm^3 能接受 $8.5×10^{22}$ 个自由电子，请用公式计算电子的流动速度。

解题参考：$v = \dfrac{I}{A.N.e^-}$ 其中，v：流速；I：电流；A：导体横截面；N：自由电子数/cm^3；e^-：原子基元电荷($1.6 \cdot 10^{-19}C$)。

解答：_____

_____

_____

_____

_____

_____

_____

_____

_____

16. 在电气工程中，由于能源分析，必须区分两种不同的电压，如表 2-18 所示。请列举出两种电压的名称和示例。

表 2-18 电压名称

电压的作用	能量输入	能量输出
电压名称		
示例		

17. 完成表 2-19。

表 2-19　电压符号单位

符号	
单位名称	
单位符号	

18. 转换电压值所需的单位，如表 2-20 所示。

表 2-20　电压值转换表

0.4 kV =	V	320 mV =	V
1 mV =	V	36000 V =	kV
1.2 mV =	V	0.5 V =	mV
20μV =	V	3500 mV =	V

19. 写出电压的技术值，如表 2-21 所示。

表 2-21　电压技术值

干电池		玩具铁路	
机动车辆电池		灯泡	
电厂发电机		房屋管线	
天线功率		卤素灯	

20. 在图 2-30 中，标注出电压或电流的方向。

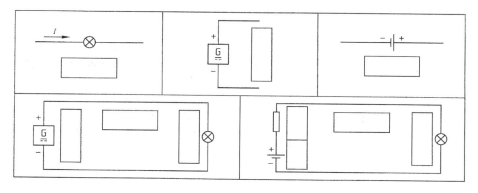

图 2-30　电压和电流的方向

21. 电压表是如何连接到电路中来测量电压的？

22. 完成图 2-31 中的电路，要求：

(1) 一个电流表可以测两个串联灯泡上的电流，用两个电压表分别测灯泡 E_1 和 E_2 处的电压，分别记为 U_1 和 U_2，用一个电压表测灯泡 E_1 和 E_2 处的总电压，记为 U_3，用一个电压表测量电压源上的电压，记为 U。

(2) 使用极性符号 "+" "−" 以及箭头，标注所有测量变量的方向。

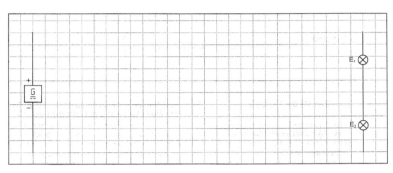

图 2-31　电流和电压测量

23. 在电路中，电压和电位的区别与联系分别是什么？

24. 在表 2-22 中，请写出电学参考点的符号。

表 2-22　电学参考点的符号

地线	
公共线	

25. 对于表 2-23 中给出的测量点，请参照图片(左)标出的位置填入测量值，并判断是电位还是电压。

表 2-23　电压和电位

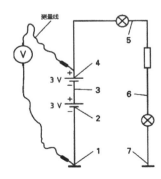

测量点	测量值	电位	电压	测量点	测量值	电位	电压
1-1	___	___	___	5-6	1V	___	___
2-1	___	___	___	4-6	___	___	___
3-1	___	___	___	6-7	___	___	___
4-1	___	___	___	6-1	___	___	___
5-1	+4V	___	___	1-7	___	___	___
4-5	___	___	___	3-6	___	___	___

26. 什么是电阻？请说出电阻的两种性质。

27. 完成表 2-24。

表 2-24 电阻

符号	_____
单位名称	_____
单位符号	_____

28. (1) 电阻率 ρ；(2) 导体的电导率是什么意思？

(1) _____

_____

_____

(2) _____

29. 电阻的影响因素。完成表 2-25。

表 2-25 电阻材料的影响因素

材料尺寸	实 例		电 阻
导体长度 L	例如，30m	大	___
	例如，10m	小	___
导体截面 A	例如，25mm²	大	___
	例如，1.5mm²	小	___
电阻率 ρ	例如，钨	大	___
	例如，铜	小	___

30. 写出输入电阻的公式。

_____

31. 写出电阻 R 和电导 G 之间的关系。

_____

32. 完成 20℃下电导率 λ 和电阻率 ρ，如表 2-26 所示。

表 2-26 在 20℃下的电导率 λ 和电阻率 ρ

原 料	锡	铜	铝	钨	铜镍合金(CuNi 30 Mn)
$[\gamma] = \dfrac{m}{\Omega \cdot mm^2}$	60	___	___	___	2.5
$[\rho] = \dfrac{\Omega \cdot mm^2}{m}$	___	___	___	0.055	

33. 对于测电阻值，可以用间接测量和直接测量的方法。请在图 2-32 中，写出相关测

量装置并完成两个测量电路。

测量装置：＿＿＿＿＿＿＿＿＿＿

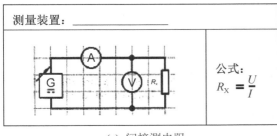

公式：
$$R_X = \frac{U}{I}$$

(a) 间接测电阻

测量装置：＿＿＿＿＿＿＿＿＿＿

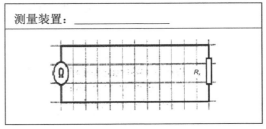

(b) 直接测电阻

图 2-32 测量电路

34. 直读式的欧姆表，实际上是电流表。请在考虑电流值范围 0～20mA 的情况下，假设当前欧姆表的电压为 1V，请为 0.5mA 的测量电流提供解决方案参考，并将图 2-33 中的刻度盘转化为相应的电阻值。

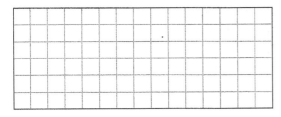

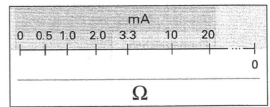

图 2-33 电阻表的刻度盘

35. 图 2-34 显示了一种电缆长度测量仪，它有以下应用范围：

A. 储料仓的整理。

你可以使用测量仪器测量电缆环的开始长度和标记相应的线圈。

B. 导线后部测量——没有加工余量。

你在顾客处安装不同的横截面和长度，这些横截面和长度已经提前在料仓用测量仪器测定好。安装结束后，要再次测量剩余长度，由此算出差数。

C. 对已安装导线的长度进行测量。

相反地，如示例 B 中所述，你也可以对已安装线进行复测。

图 2-34 电缆长度测量仪

(资料来源：德国贝汉 CH BEHA Glottertal)

操作说明：辅助电压由电池供电，电流大小在测量过程中保持恒定。必须调整材料铜或铝以及导线横截面。在测量线路的末端，短暂闭合两个电缆芯线，并用测量仪测量。因为在这种情况下进行来回测量，所以将测量仪器显示的值除以 2。你不需要消耗太多精力就计算出了一根导线的精确长度。

任务:

(1) 用于测量和计算导线长度的两个公式是什么?

_____

_____

(2) 在使用这两个公式的情况下,请再列举出另外一个能够用于测量导线长度的公式。

_____

36. 电阻 $R=12\Omega$ 保持恒定,绘制电流和电压的关系曲线,如图 2-35 和图 2-36 所示。

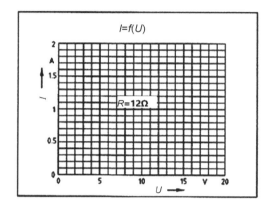
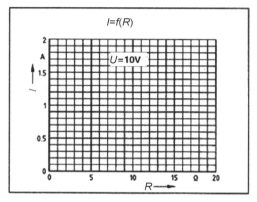

图 2-35 电阻和电流、电压的关系   图 2-36 电压和电流、电阻的关系

37. 保持电压 $U=10V$ 恒定,绘制电流和电阻的关系曲线。

38. 如果保持电阻 R 恒定,电压 U 和电流 I 的关系是什么?

_____

39. 如果保持电压 U 恒定,电阻 R 和电流 I 的关系是什么?

_____

40. 电路中的电流强度在温度恒定的情况下取决于哪两种物理量?

_____

41. 根据欧姆定律给出的电流强度 I、电压 U 和电阻 R 之间的关系,可以推导出各自量的计算公式。请写出这些公式,如表 2-27 所示。

表 2-27 欧姆定律

电流 I	电压 U	电阻 R

42. $I=0.65A$ 的电流流过 230V 的电烙铁,电烙铁的电阻是多少?

_____

43. 在表 2-28 中，根据加到四个电阻 R_1 至 R_4 的电压 U，结合给出的四个电流幅度 I_1 至 I_4。

(1) 绘制图 2-37 中四个电阻器 R_1 到 R_4 的电阻曲线。

(2) 完成表 2-28 中缺少的值。

表 2-28　电压电流关系表

$U(V)$	0	10	15	20
$I_1(mA)$	0	4	———	———
$I_2(A)$	———	———	3	4
$I_3(A)$	0	1	———	———
$I_4(A)$				0.5

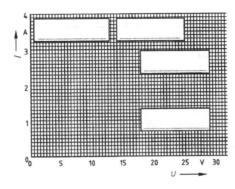

图 2-37　电阻曲线

(3) 在图 2-37 中，怎样解释最大的电阻所显现的特征曲线。

_____

44. 电机的铜线圈在 +20℃ 时的静态电阻为 15Ω。在运行过程中会加热到 +80℃。

(1) 请计算温度的变化。

(2) 请计算电阻的变化量是多少。

(3) 铜线圈加热到 +80℃ 时的电阻有多大？

已知：$a=0.0039^{-1}/K$，$R_{20}=15Ω$，$\theta_{20}=20℃$，$\theta_W=80℃$。

求：$\Delta R=?$ Ω，$R_W=?$ Ω

_____

_____

_____

_____

_____

_____

_____

_____

45. 为什么白炽灯通常在打开时会损坏？

_____

_____

_____

_____

_____

_____

46. 在一根电缆中，诊断出两条芯线之间存在短路。通过一个故障定位仪器，检测出测量点与故障点之间的距离为 1590.43m，如图 2-38 所示。

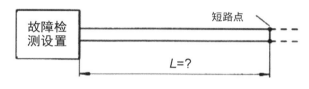

图 2-38　故障定位原理图

请你通过计算对测量结果重新进行复查。显示 R_δ 为 2.148Ω，测量期间的周围温度为 $6℃$。该电缆具有横截面为 $25mm^2$ 的铜线。

已知：$\alpha = 0.0039 \dfrac{1}{K}$，$R_\delta = 2.148\Omega$，$\delta_1 = 20℃$，$\delta_2 = 6℃$，$A = 25mm^2$

$$\gamma = 56 \frac{m}{\Omega \cdot mm^2}$$

求：L。

解：

_____

_____

_____

_____

_____

_____

_____

47.

(1)　将三个电阻 R_1、R_2 和 R_3 串联连接到电压源，如图 2-39 所示。请为所有的电压和电流填写参考箭头。

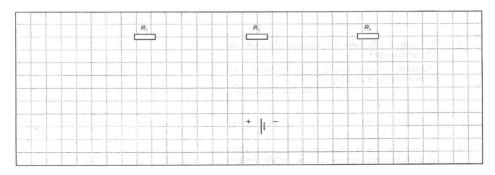

图 2-39　串联电路

(2)　请在表 2-29 中写出串联电路的公式。

表 2-29　串联电路公式

$U=$	$R=$	$\dfrac{U_1}{U_2}=$
U 为总电压；U_1、U_2、U_3 为分压；R 为等效电阻；R_1、R_2、R_3 是单电阻。		

48. 请列举出串联电路的技术应用。

_____

_____

_____

_____

49. 电阻串联有什么样的性质？

_____

_____

_____

_____

_____

50. 请说出串联电路的两个缺点？

_____

_____

_____

_____

51. 请写出基尔霍夫电压定律(KVL)，并写出公式。
KVL 来源于哪三个英文单词？

_____

_____

_____

52. 使用 KVL 计算电压 U_{01}。画出图 2-40 中所有电压的方向。注意事项：绕行方向是顺时针。

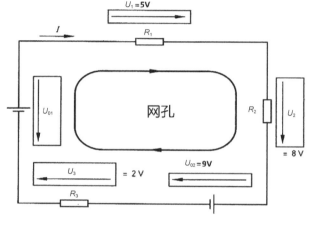

图 2-40　KVL 电路

_____

_____

_____

53. 将图 2-41 中的四个电阻串联。画出返回电流的参考箭头。

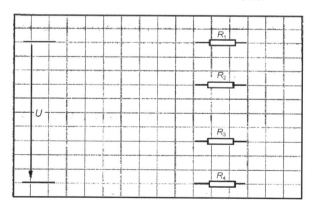

图 2-41　串联电路

54. 电阻器 R_1=22Ω 和 R_2=47Ω 串联，并且 R_1 和 R_2 上的总电压为 24V。

计算：(a) 等效电阻；(b) 电流强度；(c) R_1 和 R_2 上的电压。

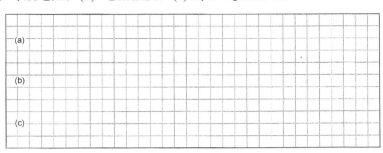

55.

(1) 将图 2-42 中三个电阻 R_1、R_2 和 R_3 并联连接到电压源。请为所有的电压和电流的方向填写参考箭头。

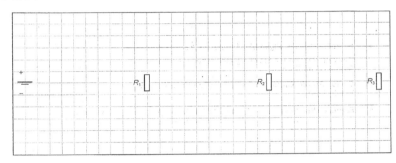

图 2-42　并联电路

(2) 请在表 2-30 中写出并联电路的公式。

表 2-30　并联电路公式

$I=$	$\dfrac{1}{R}=$	$\dfrac{I_1}{I_2}=$	R_1 和 R_2 的总电阻：$R=$

I 为总电流；I_1、I_2、I_3 为分电流；R 等效电阻；R_1、R_2、R_3 是单个电阻。

56. 列举出并联电路的技术应用。

_____

_____

_____

57. 写出并联电路的特点。

_____

_____

_____

_____

58. 请写出基尔霍夫电流定律(基尔霍夫第一规则)(KCL)，并写出公式。
KCL 来源于哪三个英文单词。

_____

_____

_____

_____

_____

59. 计算图 2-43 中的电流。

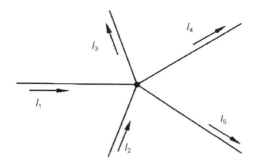

图 2-43　基尔霍夫电流定律图

_____

_____

_____

60. 对于直流电机，需要 120A，可由两台发电机供电，每台发电机为 60A。完成图 2-44 的连线，并将缺少的电流和电压方向箭头标注在图中。

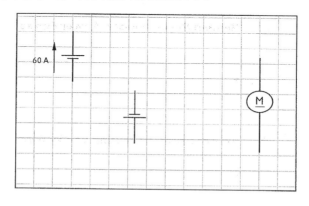

图 2-44　直流电机供电图

61. 为什么两个电压源在图 2-44 中并联连接？

_____

_____

62. 电阻器 R_1=22Ω 和 R_2=47Ω 并联接在 24V 的电源上。

计算：(a) 等效总电阻；(b) 总电流；(c) R_1 和 R_2 上的分电流。

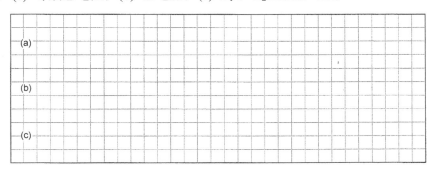

63. 使用 3 个电阻可以建立四个不同的电路。请在图 2-45 中完成这些电路，并画出电流和电压箭头。

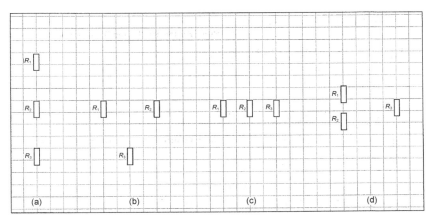

图 2-45　配有三个电阻的电路组合

64. 请将空格补充完整。

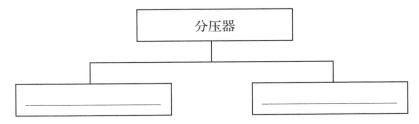

65. 请写出空载电压分压器(见图 2-46)的公式，并解释公式符号。

$$\frac{U_{20}}{U} = \underline{\hspace{3cm}} \Rightarrow U_{20} = \underline{\hspace{3cm}}$$

U _____

U_{20} _____

R_1、R_2 _____

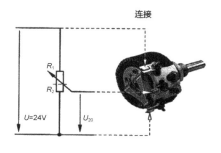

图 2-46　空载电压分压器

66. 必须从混合电路中计算等效电阻 R 和电流 I(见图 2-47)。为此，混合电路必须逐步简化(见图 2-48)。请执行以下操作。

(1) 将所有串联电路电阻等效成一个电阻。

(2) 将所有并联电路进行组合。

(3) 将所有新形成的电路组合继续等效。

(4) 重复上述步骤，直到只有一个等效电阻。

通过电路的总的等效电阻值和电路的端电压计算电路的总电流。

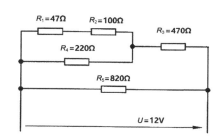

图 2-47　混合电路

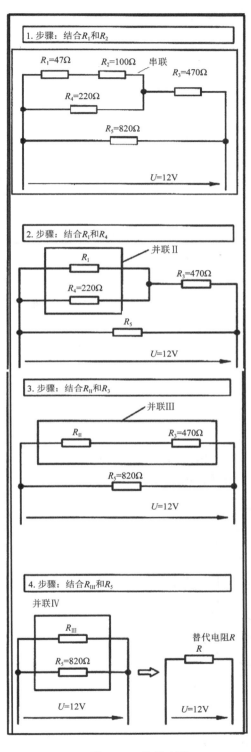

图 2-48　化简步骤

1. 步骤：结合 R_1 和 R_2。

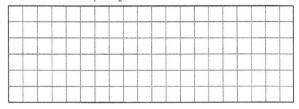

2. 步骤：结合 R_1 和 R_4。

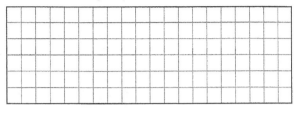

3. 步骤：结合 R_{II} 和 R_3。

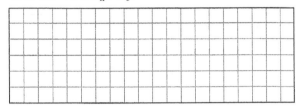

4. 步骤：结合 R_{III} 和 R_5。

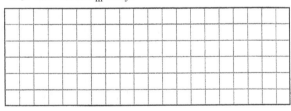

5. 计算电流 I。

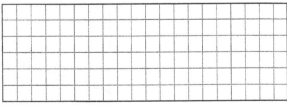

67. 在图 2-46 中，通过调节输出电压 U_{20} 可以得到哪些值？

_____

68. 调节到哪个设置时(见图 2-46)电压 $U_{20}=0V$？

_____

69. 请在图 2-49 中为总电压 U、输出电压 U_L、负载电流 I_L、贯穿电流 I_q 和总电流 I 填写缺少的电压箭头和电流箭头。

70. 当负载电阻 R_L 降低时，输出电压 U_L 如何表现？

_____

71. 流经电阻 R_1 的电流是多大？请写出公式。

72. 在图 2-49 中，当 $R_1=R_2=R_L$ 时，U_L 和 U 是什么关系？

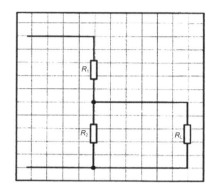

图 2-49　负载电压分压器

_____

73. 写出交叉电流比 q 的公式。

_____

74. 关于交叉电流比的大小，你了解多少？

_____

75. 在实际使用中交叉电流比 q 在哪个范围？$q=$_____
注意：在 $q=10$ 时，开路电压和输出电压之间的偏差在负载上可以忽略不计。

76. 当分压器的输出端加载电阻 R 时，为什么电压 U_L 下降？

_____

77. 在图 2-50 中，将以下内容：空载、$R_2/R_L=10$、$R_2/R_L=1$，填入方框中。

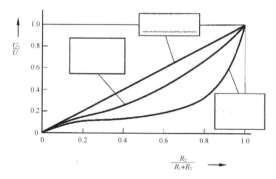

图 2-50　不同电流比下关系图

78. 在一个用于晶体管控制的负载分压器中，输出电压 U_2 应为 0.8V。其负载电流为 10mA，交叉电流比为 5，工作电压为 12V。请计算电阻 R_1 和 R_2，然后根据 E12 标准选取两个电阻。

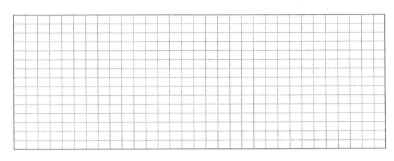

79. 计算下列串联电阻(见图 2-51～图 2-54)(R 系列电阻必须根据 E12 系列进行计算)。
　　标准系列 E12：　1.0　1.2　1.5　1.8　2.2　2.7　3.3　3.9　4.7　5.6　6.8　8.2

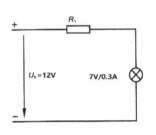
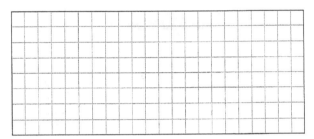

图 2-51　灯泡与电阻

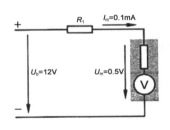
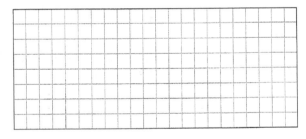

图 2-52　电压表与电阻

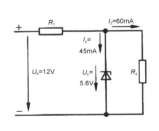
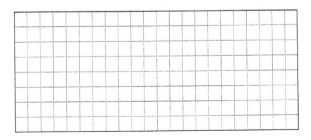

图 2-53　LED 与电阻

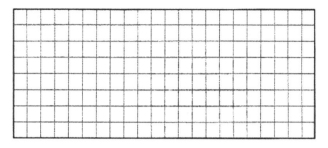

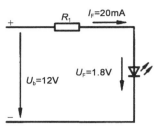

图 2-54 稳压二极管与电阻

80. 请在图 2-55 中填写分配编号，并为能量一栏填入使用、消耗或供给，如表 2-31 所示。

表 2-31 电路组成部分

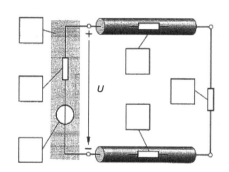

图 2-55 简单电路

电路组成部分	能 量
1.等效电压源	
2.电压产生 U_0	
3.电源内部电阻 R_i	
4.等效电阻	
5.等效电阻	
6.负载电阻 R_L	

81. 为了对电能的生产和运输进行节约，电压电源的内部电阻和导线电阻应该尽可能多地考虑经济效益产成和传输电能。请解释。

_____

_____

_____

82. 为什么负载电阻端子的电压随着负载的增加而减小？

_____

_____

83. 在表 2-32 中，请为电压源的不同负载方式补充完整电路图和相关参数。导线电阻可以忽略不计。

表 2-32 电压源的负载类型

空　载	正常负载	功率匹配	短　路
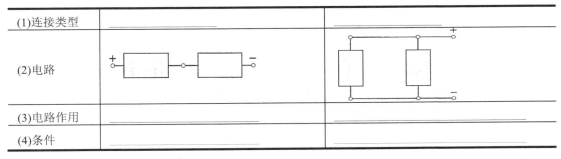			
负载电阻： $R_L \rightarrow$ _____	$0\Omega < R_L < \infty\Omega$	$R_L = R_1$	$R_L \rightarrow$ _____
电流： $I =$ _____	$I \leqslant I_{允许电流}$	$I =$ _____	$I = I_{短路}$
电压源电压： $U =$ _____	$U <$ _____	$U =$ _____	$U =$ _____
负载功率： $P_L =$ _____	$P_L = U \cdot I$	$P_L =$ _____	$P_L =$ _____

84.

(1) 请在表 2-33 中写出两种电路类型；

(2) 将开关符号(含内部电阻)绘制到每个电压源中；

(3) 请写出电压源总电路的作用；

(4) 请写出无故障运行的条件。

表 2-33 电压源的基本电路

(1)连接类型		
(2)电路		
(3)电路作用		
(4)条件		

85. 如图 2-56 所示切换电源时会发生什么？

_____

86. 单个电压源具有开路电压 $U_0=2.0\text{V}$，最大电流负载 $I_N=5\text{A}$ 以及内部电阻 $R_1=0.03\Omega$，画出电路图 2-57，使电路的电流为 10A、总电压为 12V。

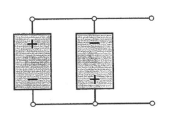

图 2-56 并联连接(故障)

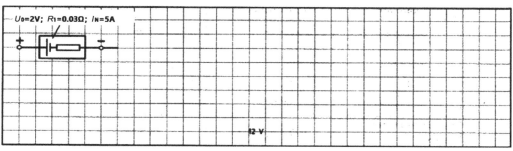

图 2-57 电压源的混合电路

87. 如果由于疏忽将图 2-57 总电路的正端子和负端子相连接，短路电流有多大？

88. 在表 2-34 中，根据其导电率从大到小的顺序排列以下 16 种金属：铁、铝、铅、汞、锰、银、锡、铜、金、钨、钼、镁、锌、镍、铂、锂。

表 2-34 导电金属

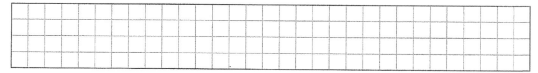

① ____	② ____	③ ____	④ ____
⑤ ____	⑥ ____	⑦ ____	⑧ ____
⑨ ____	⑩ ____	⑪ ____	⑫ ____
⑬ ____	⑭ ____	⑮ ____	⑯ ____

89. 列出影响材料导电性的四个因素。

90. 参考图 2-58，a)为纯铜掺杂 0.05%铁的电导率，b)为纯铜掺杂 0.1%硅的电导率，请记录结果。

(1) _____

(2) _____

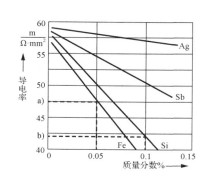

图 2-58 杂质对纯铜导电率的影响

91. 纯铜每 cm^3 有多少电子(近似)？ (1)写成科学计数法；(2)写成整数。

(1) _____

(2) _____

92. 请在表 2-35 中填写铜和铝材料的值。

表 2-35　铜和铝材料的值

材料	化学符号	电导率 γ / $\dfrac{m}{\Omega \cdot mm^2}$	电阻率 ρ_{20} / $\dfrac{\Omega \cdot mm^2}{m}$	密度 ρ / $\dfrac{kg}{dm^3}$	熔点/ ℃
铜					
铝					

93. 在表 2-36 中填写铜和铝的材料特性和在电气工程中的应用。

表 2-36　铜和铝的材料性能和应用

铜特性	铜的应用实例

铝特性	铝的应用实例

94. 为什么在潮湿的空间和室外不能直接将铜和铝导体夹紧在一起？

_____

95.

(1) 必须借助什么工具才能使由铝制作的一条架空线绞线与铜导体连接到一起？ 如图 2-59 所示。

(2) 如何称呼这种夹子？

(1) _____

(2) _____

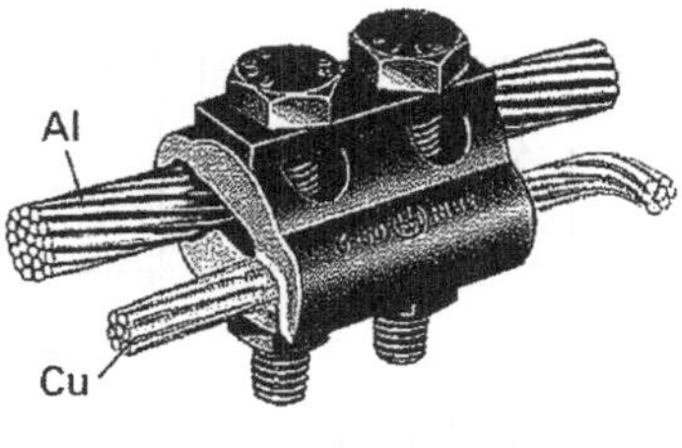

图 2-59　铝-铜连接

96. 比较导体材料和电阻材料的电导率、电阻率的不同，使用术语"大"和"小"填入表 2-37 中。

表 2-37   比较导体材料和电阻材料

属　性	导体材料	电阻材料
电导率γ		
电阻率ρ		

97. 制作电阻为什么常采用合金材料而不采用纯金属材料？

_____

_____

98. 请列举出一些电阻材料的例子。

_____

_____

_____

_____

_____

99. 请补充完整表 2-38 所示电阻的分类。

表 2-38   电阻的分类

电阻器的分类	按电阻体的材料不同分类	线绕电阻		
		非线绕电阻		
			薄膜型电阻	
	按用途不同分类			
	按结构形状不同分类			
	按引线不同分类			

100. 说明电阻器的结构，并补充表 2-39 中的技术数据。

表 2-39　电阻类型

名　称	结　构	所选数据
碳膜电阻		电阻值系列：_____ 温度范围：_____ 额定功率：_____
金属膜电阻		电阻值系列：_____ 公差：_____ 绝缘电压：_____ 额定功率：_____
线绕电阻		电阻值系列：_____ 公差：_____ 额定功率：_____

101. 表 2-40 中的电阻是多少？

表 2-40　识别电阻值

R27	2R7	27R	K27
____	____	____	____
2K7	27K	M27	2M7
____	____	____	____

蓝　灰　红　　银

$R=$ _____

102. 可调电阻(见图 2-60)的可调节滑触头 S 必须位于哪个位置？如果要：(1)R_1 设置为最高值；(2)R_1=0Ω？

(1) _____

(2) _____

103. 绝缘材料的作用和主要性能是什么？

_____

_____

_____

_____

_____

_____

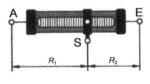

图 2-60　可调电阻

104.

(1) 请写出表 2-41 中各材料实例的相应状态形式。

(2) 请列举出相应的应用实例。

表 2-41　绝缘材料的分类及应用

(1)状态	材料的例子	(2)应用
	乙烯(PVC)	
	聚乙烯(PE)	
	云母	
	玻璃	
	陶瓷	
	环氧树脂(EP)	
	橡胶	
	合成橡胶	
	三聚氰胺-甲醛树脂(MF)	
	矿物油	
	硅油	
	沥青	
	空气	
	六氟化硫(SF$_6$)	

105. 标注印刷电路板结构的名称，如图 2-61 所示。

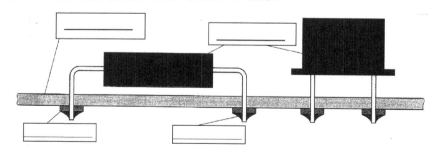

图 2-61　印刷电路板

106. 请列举：(1)印刷电路的焊接方法；(2)SMD 技术的焊接方法。

(1) _____　　_____　　_____

(2) _____　　_____　　_____

107. 术语解释：说明(1)～(6)。

(1) 印制电路板电路：

_____

_____

_____

(2) 线路与图面(Pattern)：

_____

_____

(3) 基材：

_____

_____

(4) 减成技术：

_____

_____

(5) 添加剂技术：

_____

_____

_____

(6) SMD 技术：

_____

_____

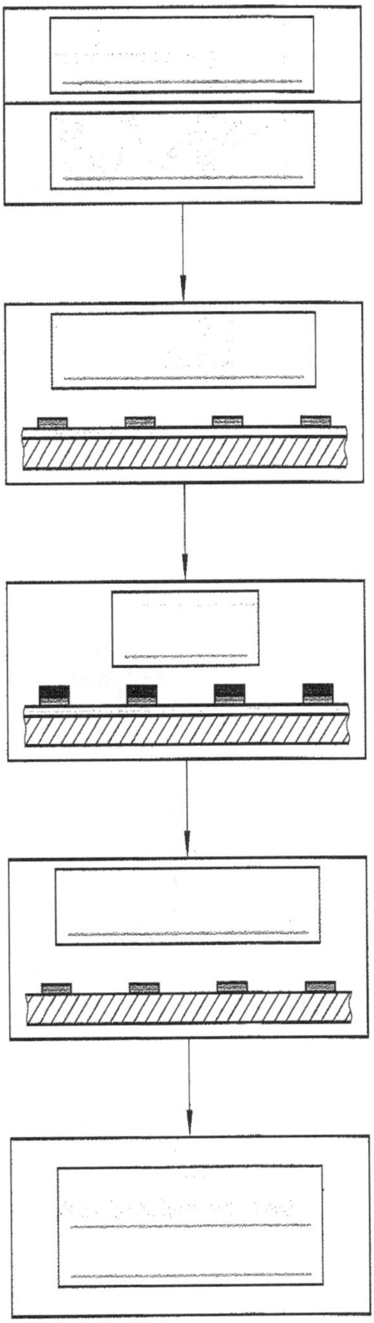

108. 根据减成技术完成印制电路板的制造，如图 2-62 所示。

图 2-62　减成技术

109. 补充表 2-42。

表 2-42 印刷电路的测试方法

光学测试	电气测试

110.

(1) 如图 2-63 所示的警告标志的含义是什么？

(2) 为什么在生产印制电路板电路的过程中要使用警告标志？

(1) _____

(2) _____

_____

图 2-63 警告标志

111. 下面是手工焊接方法，请在横线上填入相应的步骤。

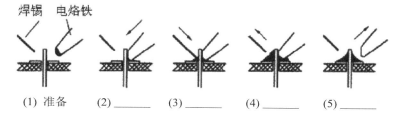

(1) 准备   (2) _____   (3) _____   (4) _____   (5) _____

任务二：PCB 印制电路板的测量

1.

(1) 如图图 2-64 所示测量仪器的名称是什么？

(2) 此测量仪器可以测量哪些电学物理量？

(1) _____

(2) _____

图 2-64 测量仪器

2. 请对图 2-65 中测量装置铭牌上的参数(已编号)命名。

(1)_____ (2)_____

(3)_____ (4)_____

(5)_____ (6)_____

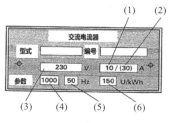

图 2-65 交流电流器

3. 计数器可以记录哪三个测量值？

_____

4. 请解释图 2-65 中交流电流器常数的含义。

_____

5. 完成电功表 2-43。

表 2-43　电功

(公式中使用的)符号	_____
计算公式	_____
单位名称	_____
单位符号	_____

6. 完成 W・s 和 kW・h 的单位换算，如表 2-44 所示。

表 2-44　单位换算

W・s	$3.6 \cdot 10^{6}$	$0.72 \cdot 10^{9}$	16200000
kW・h	_____	_____	_____

7. 请写出用于计算用户缴多少电费的公式。

电费= _____

8. 完成电功率表 2-45。

表 2-45　电功率

(公式中使用的)符号	_____
计算公式	_____
单位名称	_____
单位符号	_____

9. 请为表 2-46 所列的用电器写出恰当的功率。

表 2-46　电器功率

白炽灯	_____
热风供暖装置	_____
空调	_____
热水器	_____
电机车	_____

10. 补充完整表 2-47 中测量功率的电路。

表 2-47　测量功率电路

间接功率测量	直接功率测量

11.

(1) 请在表 2-48 中为功率是 1W 的电阻负载补充电流值。

(2) 请在图 2-66 中填入此 U-I 值，并将这些点连接成一个 1W 的功率曲线。

(3) 请用红色阴影标出图 2-66 中大于 1W 的区域。

(4) 参见图 2-66，读取各电阻的电压和电流，并将其填入表 2-49。

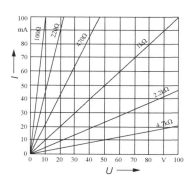

图 2-66　功率是 1W 电阻的功率曲线

表 2-48　1W 电阻所对应的 U-I 值

U/V	10	20	30	40	50
I/mA	——	——	——	——	——
U/V	60				
I/mA	——				

表 2-49　1W 电阻所对应的电压最大值(U_{max})和电流最大值(I_{max})

R	100Ω	220Ω	470Ω	1kΩ	2.2kΩ	4.7kΩ
U_{max}	——	——	——	——	——	——
I_{max}	——	——	——	——	——	——

12. 什么是能量?

13. 请在能量单位前打钩，如表 2-50 所示。

表 2-50　能量单位

kg·m	N·m	N·m/s
kW·h	W/s	W·s
Js	J	kW·h
W	A·h	kW

14. 列出七种能量。

_____

15. 请在表 2-51 中画出产生的能量转换箭头。

表 2-51　能量转换

用电设备	电能	机械能	光能	化学能	热能
电动机					
发电机					
荧光灯					
热得快					
电镀元件					
光电池					
热电偶					
蓄电池(充电)					
蓄能器(放电)					

16. 请根据一个电动机的能流图(见图 2-67)计算表 2-52 中的输入功率和输出功率。

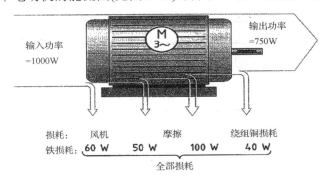

图 2-67　电动机的能流图

表 2-52　能量流表

输入功率	损耗	
_____	_____	750W

17. 请在图 2-68 中，标出在水电站出现的能量类型。

说明：水库中静止水的能量、压力管道中的流动水的能量、陆路导线中的能量流动，一个发电机连接到一个水轮机。

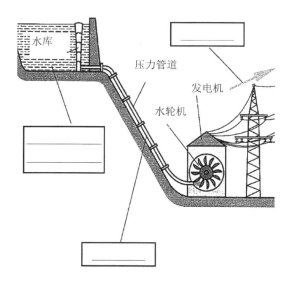

图 2-68　水电站示意图

18. 在表 2-53 中，填写计算效率的公式，并补充缺失的说明或公式符号。

表 2-53　计算效率

公式	
η	
P_1	输出功率
P_2	输入功率

19. 请在表 2-54 中，为所给出的电气设备补充效率。

表 2-54　电气设备效率

电气设备	η
三相电机　2.2kW	
变压器　1kV·A	
线圈　1000W	
发电机　1.1kV·A	
交流电机　120W	
白炽灯　40W	

20. 在三相交流电机的铭牌上，额定功率为 20kW。工作时，发生 1350W 的损耗。计算电机的效率。

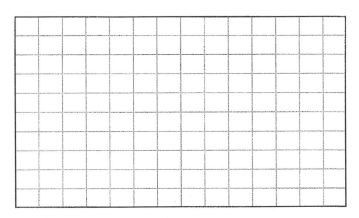

21. 一个逆变器从一个 100V 的蓄电池接收电流为 26A，形成了 2.2kW 的交流电流，逆变器的效率是多少？

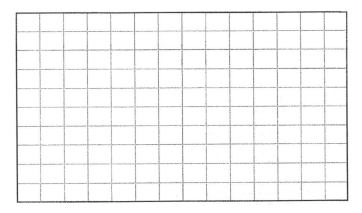

22. 你得到一份任务，根据能源需求检验输送系统的经济性。为保证经济效益，电力负载的效率 η 必须大于 80%。请通过计算检验传送带电动机 M2(见图 2-69 铭牌)是否经济。

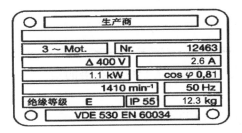

图 2-69　铭牌

(1) 请计算吸收功率 P_2(单位 W)；

(2) 请计算电机的效率 η；

(3) 该电动机是否符合要求？请证明你的答案。

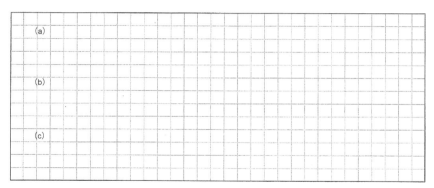

23. 一个电源上前后连接了三个元件，变压器的效率为 η_1，整流器的效率为 η_2，滚轴丝杠的效率为 η_3，请写出用于计算总效率 η 的公式。

24. 一定阻值的电阻，接在电压为 3V 的电路上，消耗的功率为 0.6W，求这个电阻的阻值？150min 电流做功多少 kW·h?

25. 请将下面第 1、2 点的英文翻译成中文。

> **Nr. Manual soldering instruction**
> 1. All parts must be clean and free from dirt and grease.
> 2. Secure the workpiece firmly.
> 3. "Tin" the iron tip with a small amount of solder.
> 4. Clean the tip of the hot soldering iron on a damp sponge.
> 5. Add a tiny amount of fresh solder to the cleansed tip.
> 6. Heat all parts of the joint with the iron for under a second.
> 7. Continue heating, then apply sufficient solder only, to form an adequate joint.
> 8. Remove and return the iron safely to its stand.
> 9. It only takes two or three seconds at most to solder the average joint.
> 10. Do not move parts until the solder has cooled.

答案：

序　号	翻　译
1.	
2.	

26. 现在用万能表进行检测测量。一位说英语的实习生给出了建议，要按以下顺序操作。

① View the results on the LCD display.

② Touch the probes to the test points.

③ Plug the test probes into the appropriate jacks.

④ Set the rotary function switch to the desired function.

请将操作步骤按正确顺序排列。

②			

27. 各种导电材料的相关性能，如表 2-55 所示。

表 2-55　各种导电材料的相关性能

材料	电阻率/$(\Omega \cdot m)$	密度/$(kg \cdot m^{-3})$	机械强度	抗氧化和腐蚀	焊接性能与延展性能	资源与价格
铜	1.724×10^{-8}	黄铜 8.5×10^3 紫铜 8.9×10^3	＿＿＿	＿＿＿	＿＿＿	＿＿＿
铝	2.864×10^{-8}	2.7×10^3	＿＿＿	＿＿＿	＿＿＿	＿＿＿
铁	10.0×10^{-8}	7.8×10^3	＿＿＿	＿＿＿	＿＿＿	＿＿＿

28. 导线的型号命名法，具体如表 2-56 所示。

表 2-56　导线代号的意义

分　类	代号	分　类	代号	分　类	代号
用途　＿＿＿	A	绝缘材料　＿＿＿	V	护套　＿＿＿	B
＿＿＿	B	＿＿＿	F	＿＿＿	L
＿＿＿	F	＿＿＿	Y	＿＿＿	N
＿＿＿	R	＿＿＿	X	＿＿＿	SK
＿＿＿	R	＿＿＿	ST	派生特征　＿＿＿	P
＿＿＿	Y	＿＿＿	B	＿＿＿	R
＿＿＿	T	＿＿＿	SE	＿＿＿	S
绝缘材料　＿＿＿	…	护套　＿＿＿	V	＿＿＿	B
＿＿＿	L	＿＿＿	H	＿＿＿	T

29. 常用绝缘导线和应用范围。

绝缘导线常用于照明电路和各种动力配件系统，即工作于 AC500V 或 DC1000V 的工作环境中，各品种与用途如表 2-57 所示。

表 2-57　常用绝缘导线和应用范围

名　称	常用型号		主要用途
	铜芯	铝芯	
棉纱编织橡胶绝缘导线	BV	BLV	＿＿＿ ＿＿＿

名 称	常用型号		主要用途
	铜芯	铝芯	
橡皮绝缘电线	BX	BLX	
聚氯乙烯绝缘软导线	BVR	——	
聚氯乙烯绝缘护套导线	BVV	BLVV	
聚丁橡胶绝缘导线	BXF	BLXF	
橡胶绝缘聚丁橡胶护套导线	BXHF	BLXHF	
聚氯乙烯绝缘软线	RV	——	
聚氯乙烯绝缘平型软线	RVB	——	
聚氯乙烯绝缘胶型软线	RVS	——	

30. 导线的颜色选用规则，如表 2-58 所示。

表 2-58　导线的颜色选用规则

电路种类		导线颜色
一般 AC 电路		
AC 电源线	相线 A	
	相线 B	
	相线 C	
	工作零线	
	保护零线	
DC 电路	+	
	GND	
	−	
晶体管电路	E	
	B	
	C	
立体声电路	————	

31. 写出电容的符号、单位名称和单位字符，如表 2-59 所示。

表 2-59 电容

符号	
单位名称	
单位字符	

32. 在表 2-60 中，计算出不同的电容值。

表 2-60 电容单位的换算

1960μF=_____mF	0.043F=_____μF
97.6nF=_____mF	732000nF=_____mF
0.000287μF=_____pF	576μF=_____F
234pF=_____nF	1200nF=_____μF

33. 电容的作用有哪些？

_____

_____

_____

_____

2.8 工作计划

2.8 工作计划(1)						
项目：扬声器PCB印制电路板的制作与测量				任务一：PCB电路板的焊接		
姓名：				日期：		
序号	工作步骤	备注	备料清单 工具/辅助工具	工作安全&环境	计划用时	每日工作时间

2.8 工作计划(2)						
项目：扬声器 PCB 印制电路板的制作与测量				任务二：PCB 电路板的测量		
姓名：				日期：		
序号	工作步骤	备注	备料清单 工具/辅助工具	工作安全&环境	计划用时	每日工作时间

2.9 总　　结

2.9　总结(1)	
项目：扬声器 PCB 印制电路板的制作与测量	任务一：PCB 电路板的焊接
姓名：	日期：

1. 请简要描述执行此子项目过程中的工作方法(步骤)。

2.在加工此子项目过程中你可以获得哪些新知识？

3. 在下一次遇到类似的任务设置时，你有什么要改善的？

4. 为了让你的同事能理解并继续实施你所执行的工作，该同事需要获得哪些信息？

2.9 总结(2)	
项目：扬声器 PCB 印制电路板的制作与测量	任务二：PCB 电路板的测量
姓名：	日期：

1. 请简要描述执行此子项目过程中的工作方法(步骤)。

2. 在测量此子项目过程中你可以获得哪些新知识？

3. 在下一次遇到类似的任务设置时，你有什么要改善的？

4. 为了让你的同事能理解并继续实施你所执行的工作，该同事需要获得哪些信息？

检测-评分表(1)

项目：扬声器 PCB 印制电路板的制作与测量　　　　任务一：PCB 电路板的焊接

姓名：　　　　　　　　　　　　　　　　　　　　日期：

序号	评价要素		检测-评分标准	参考分值	得分		
					自评	小组	教师
1	学习能力（40分）	基本分	无重大过失，即可得到满分10分	0～10			
		任务完成质量	高：13～15分，较高：10～12分，一般：7～9分，较低：4～6分，低：1～3分	0～15			
		提出关键性建议	在讨论中发言得到大家一致认同的建议：5次以上：15分，5次以下每次3分	0～15			
2	学习态度（30分）	基本分	基本能够参与到学习活动中，态度诚恳即可得到满分10分	0～10			
		工作责任感	出勤率	全勤5分，缺勤一次扣1分，扣完为止	0～5			
			任务完成速度	按时完成任务加3分，推迟5分钟扣1分，依次类推，扣完为止	0～3			
			活动参与度	参加一次加0.5分，封顶2分	0～2			
		工作积极性	讨论热情	参加讨论，一次加1分，封顶4分	0～4			
			课堂发言	发言一次加1分，封顶3分	0～3			
			课堂讨论	课堂参与讨论，一次0.5分，封顶3分	0～3			
3	团队合作（30分）	基本分	积极参与，无对团队产生负面影响的行为，即可得到满分10分	0～10			
		共同完成任务	每次都参与小组讨论，并按时按量完成工作的为满分 10 分，讨论缺勤一次扣1分，作业不按时按量提交的一次扣1分。扣完为止	0～10			
		帮助其他队员完成任务	帮助其他队员一次加1分，封顶5分	0～5			
		对外沟通次数	每次小组讨论后，与其他小组交流，沟通作业结果，沟通一次加1分，封顶5分	0～5			

总分：(100分)

最终得分(自评得分×20%+小组得分×30%+教师得分×50%)：

检测-评分表(2)

项目: 扬声器 PCB 印制电路板的制作与测量　　任务二: PCB 电路板的测量

姓名:　　　　　　　　　　　　　　日期:

序号	评价要素		检测-评分标准	参考分值	得分		
					自评	小组	教师
1	学习能力 (40分)	基本分	无重大过失，即可得到满分10分	0~10			
		任务完成质量	高：13~15分，较高：10~12分，一般：7~9分，较低：4~6分，低：1~3分	0~15			
		提出关键性建议	在讨论中发言得到大家一致认同的建议：5次以上15分，5次以下每次3分	0~15			
2	学习态度 (30分)	基本分	基本能够参与到学习活动中，态度诚恳即可得到满分10分	0~10			
		工作责任感	出勤率　全勤5分，缺勤一次扣1分，扣完为止	0~5			
			任务完成速度　按时完成任务加3分，推迟5分钟扣1分，依次类推，扣完为止	0~3			
			活动参与度　参加一次加0.5分，封顶2分	0~2			
		工作积极性	讨论热情　参与讨论，一次加1分，封顶4分	0~4			
			课堂发言　发言参与一次1分，封顶3分	0~3			
			课堂讨论　课堂参与讨论，一次0.5分，封顶3分	0~3			
3	团队合作 (30分)	基本分	积极参与，无对小组产生负面影响的行为，即可得到满分10分	0~10			
		共同完成任务	每次都参与小组讨论，并按时按质完成小组分工作业的为满分10分，讨论缺勤一次扣1分，作业不按时按量提交的一次扣1分。扣完为止	0~10			
		帮助其他队员完成任务	帮助其他队员一次加1分，封顶5分	0~5			
		对外沟通次数	每次小组讨论后，与其他小组交流、沟通作业结果，沟通一次加1分，封顶5分	0~5			

总分: (100分)

最终得分(自评得分×20%+小组得分×30%+教师得分×50%):

项目 3 三人表决电路的设计

3.1 项 目 描 述

当今社会，数字电子技术正以越来越高的频率出现在各个领域，数字技术得到了迅猛发展，日常生活中的数字电子产品越来越多，如数字电视、计算机、智能手机、数码相机等，另外在自动生产过程和军事以及航空航天领域中都广泛应用了数字电子技术。数字电路是数字电子技术的核心，通过三人表决电路的设计任务一和任务二的学习，掌握数字电路的基本概念、基本运算及设计方法。

3.2 项 目 图 片

三人表决电路 PCB 板，如图 3-1 所示。

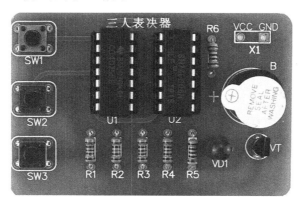

图 3-1 三人表决电路 PCB

3.3 功 能 描 述

三人表决电路，采用 74LS00+74LS10 设计而成，三个评委分别控制着 SW1、SW2、SW3 三个按键中的一个，以少数服从多数的原则表决事件，按下表示同意，否则表示不同意。若表决通过，发光二极管点亮，否则二极管不亮。

3.4 零 件 清 单

项目所需零件清单如表 3-1 所示。

表 3-1 项目所需零件清单

名　称	型号或规格	单　位	数　量
电工常用工具	验电笔、钢丝钳、螺钉旋具(一字形和十字形)、电工刀、尖嘴钳、活动扳手、剥线钳等	套	1
数字式万用表	DT9205A 型	块	1
防护工具	绝缘手套、绝缘靴、绝缘垫等	套	1
导线	BV0.25mm^2	m	若干
印制电路板	—	块	1
集成芯片	74LS08	只	1
集成电路芯片	CD4075	只	1
IC 座	14P	个	2
直插三极管	8050	只	1
色环电阻	1kΩ	个	4
色环电阻	2kΩ	个	1
色环电阻	300Ω	个	1
轻触按键	6×6×5	个	3
LED	单色 5mm 发光二极管	个	1
电容	0.1μF	个	1
直插蜂鸣器	有源	个	1

3.5 数　据　页

任务一：数字电路的分析

1. 二进制码

用 4 位二进制数码来表示 1 位十进制数的编码方式称为二进码十进数，亦称 BCD (Binary Coded Decimal)码。BCD 码分为有权码和无权码两种，如表 3-2 所示。

表 3-2 几种常见的 BCD 编码

十进制数码	8421 编码	5211 编码	2421 编码	余 3 码	格雷码
0	0000	0000	0000	0011	0000
1	0001	0001	0001	0100	0001
2	0010	0100	0010	0101	0011
3	0011	0101	0011	0110	0010
4	0100	0111	0100	0111	0110
5	0101	1000	1011	1000	0111
6	0110	1001	1100	1001	0101

续表

十进制数码	8421 编码	5211 编码	2421 编码	余 3 码	格雷码
7	0111	1100	1101	1010	0100
8	1000	1101	1110	1011	1100
9	1001	1111	1111	1100	1000

1) 十进制

十进制是以 10 为基数的计数体制，十进制数每位的数码是 0~9，超过 9 的数就要用多位表示，即"逢十进一"或"借一为十"。

任意一个十进制数可表示为式(3-1)：

$$(N)_{10} = \sum_{i=-\infty}^{\infty} K_i 10^i \tag{3-1}$$

其中：$(N)_{10}$ 为十进制数；K_i 为第 i 位的数码；i 为数码的位数。K_i 可以是(0~9)十个数码之一，i 可以为(-∞ +∞)的任意整数，10^i 则为第 i 位的"权"数。

$$(2387.35)_{10} = 2 \times 10^3 + 3 \times 10^2 + 8 \times 10^1 + 7 \times 10^0 + 3 \times 10^{-1} + 5 \times 10^{-2}$$

2) 二进制

二进制是以 2 为基数的计数体制，用到了 0、1 两个数码，在二进制的加减运算中逢二进一或借一为二。二进制数从右向左第 N 位的位权为 2^{N-1}。

表示一个二进制数通常是采用给数加括号并加下脚标"2"的形式，如二进制数 1101 记做$(1101)_2$。每一个二进制数也都可以按位权展开。例如：二进制数$(1101.11)_2$可按位权展开为$(1101.11)_2 = 1 \times 2^3 + 1 \times 2^2 + 0 \times 2^1 + 0 \times 2^{-2} + 1 \times 2^0 + 1 \times 2^{-1} + 1 \times 2^{-2} = 8 + 4 + 0 + 1 + 0.5 + 0.25 = 13.75$

任意一个二进制数可表示为式(3-2)：

$$(N)_2 = \sum_{i=-\infty}^{\infty} K_i 2^i \tag{3-2}$$

其中：$(N)_2$ 为二进制数；K_i 为第 i 位的数码；i 为数码的位数。K_i 可以是(0~9)十个数码之一，i 可为(-∞ +∞)的任意整数，2^i 则为第 i 位的"权"数。

$$(110.101)_2 = 1 \times 2^2 + 1 \times 2^1 + 0 \times 2^0 + 1 \times 2^{-1} + 0 \times 2^{-2} + 1 \times 2^{-3} = 4 + 2 + 0.5 + 0.125 = (6.625)_{10}$$

3) 八进制

八进制是以 8 为基数的计数体制，八进制共有 0~7 八个数码，每位的基数为 8，计数规律是"逢八进一"。

4) 十六进制

十六进制是以 16 为基数的计数体制。十六进制数使用 0~9、A、B、C、D、E、F 共 16 个数码，其运算规律为"逢十六进一"。

表达式如式(3-3)：

$$(N)_{16} = \sum_{i=-\infty}^{\infty} K_i 16^i \tag{3-3}$$

其中：$(N)_{16}$ 为十六进制数；K_i 为第 i 位的数码；i 为数码的位数。K_i 可以是(0~9)十个数码之一，i 可为(-∞ +∞)的任意整数，16^i 则为第 i 位的"权"数。

$(A3B.C)_{16}=A\times16^2+3\times16^1+B\times16^0+C\times16^{-1}=2560+48+11+0.75=(2619.75)_{10}$

2. 不同进位制数之间的转换

1)　二进制数与十进制数的相互转换

(1)　二进制数转换成十进制数。

二进制数转换成十进制数时，只要将二进制数按权位展开式相加即可。

(2)　十进制数转换成二进制数。

十进制数转换成二进制数时，分为整数部分和小数部分两种情况。

采用的方法——基数连除、连乘法。

原理：将整数部分和小数部分分别进行转换。

整数部分采用基数连除法，小数部分采用基数连乘法。转换后再合并。

整数部分采用基数连除法，先得到的余数为低位，后得到的余数为高位。

小数部分采用基数连乘法，先得到的整数为高位，后得到的整数为低位。

例 1 将十进制数 25.25 转换成二进制数。

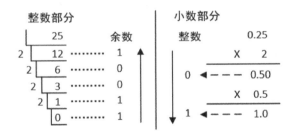

所以

$$(25.25)_{10}=(11001.01)_2$$

采用基数连除、连乘法，可将十进制数转换为任意的 N 进制数。

2)　二进制数与八进制数的相互转换

(1)　二进制数转换为八进制数：将二进制数由小数点开始，整数部分向左，小数部分向右，每 3 位分成一组，不够 3 位补 0，则每组二进制数便是一位八进制数。

(2)　八进制数转换为二进制数：将每位八进制数用 3 位二进制数表示。

3)　二进制数与十六进制数的相互转换

(1)　二进制数转换为十六进制数。

二进制数转换为十六进制数：以小数点为基准，向左、右以每 4 位为一组，然后把每 4 位二进制数用相应的 1 位十六进制数表示。

(2)　十六进制数转换成二进制数。

十六进制数转换为二进制数：将每位十六进制数化成相应的 4 位二进制数。

4)　十六进制数与十进制数的相互转换

(1)　十六进制数直接转换成十进制数。

十六进制数直接转换成十进制数时，只要将十六进制数按权位展开式相加即可。

$$(23D.8)_{16}=2\times16^2+3\times16^1+D\times16^0+8\times16^{-1}=2\times256+3\times16+13\times1+8\times16^{-1}=(573.5)_{10}$$

(2) 十进制的小数部分转换成十六进制数的方法。

连续用 16 去乘要转换的十进制数的小数部分，直至小数部分等于 0 为止。每次乘积的整数即为相应的十六进制数码，第一次乘以 16 得到的整数是十六进制小数部分的最高位，最后一次乘以 16 得到的整数是十六进制小数部分的最低位。

119/16=7　　　　余数 7（最低位）　　　　　　　　7/16=0　　　　余数 7（最高位）

转换结果为：$(77)_{16}$

3. 基本逻辑关系

逻辑代数又称布尔代数。19 世纪英国数学家乔治·布尔首先提出了用代数的方法来研究、证明、推理逻辑问题，自此产生了逻辑代数。在逻辑代数中，每一个变量只有 0 和 1 两种取值，因而逻辑函数也只能有 0 和 1 两种取值。在逻辑代数中，0 和 1 不再具有数量的概念，仅代表两种对立逻辑状态的符号。

1）与逻辑

当决定某一事件的各个条件全部具备时，这一事件才会发生，否则就不会发生。这种逻辑关系称为"与"逻辑。

规定：开关合为逻辑"1"

开关断为逻辑"0"

灯亮为逻辑"1"

灯灭为逻辑"0"

与逻辑的逻辑关系为所有原因均满足条件时结果成立。在逻辑代数中，与逻辑又称逻辑乘。如图 3-2 所示用 2 个串联开关控制一盏灯的电路，很显然，若要灯亮，则 2 个开关必须全部闭合。如有一个开关断开，灯就不亮。如用 A 和 B 分别代表 2 个开关，并假定闭合时记为 1，断开时记为 0，Y 代表灯，亮为 1，灭为 0，则这一逻辑关系可用表 3-3 表示。表 3-3 是将 A 和 B 两个变量的所有变化组合的值及对应的 Y 值依次列出，称为真值表。由表 3-4 可见，与逻辑可表述为：输入全 1，输出为 1；输入有 0，输出为 0。与门符号如图 3-3 所示，与逻辑的函数表达式如式(3-4)。

$$Y = A \land B \tag{3-4}$$

逻辑乘的运算规则是 $0 \cdot 0 = 0$，$0 \cdot 1 = 0$，$1 \cdot 0 = 0$，$1 \cdot 1 = 1$。

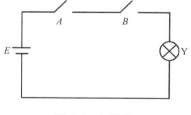

图 3-2　与逻辑

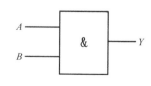

图 3-3　与门符号

表 3-3　与逻辑真值表

A	B	Y
0	0	0
0	1	0
1	0	0
1	1	1

2)　或逻辑

或逻辑的逻辑关系为当所有原因中的一个原因满足条件时结果就成立。在逻辑代数中，或逻辑又称逻辑加。如图 3-4 所示，2 个开关中只要有一个闭合，灯就亮；如果想要灯灭，则 2 个开关必须全部断开。或逻辑关系的真值表如表 3-4 所示，由表 3-4 可得，或逻辑输入为 1，输出为 1；输入全为 0，输出为 0。或门符号如图 3-5 所示，或逻辑的函数表达式如式(3-5)。

$$Y = A \vee B \tag{3-5}$$

逻辑或的运算规则是 0+0=0，0+1=1，1+0=1，1+1=1。

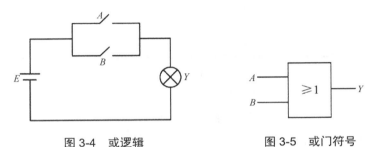

图 3-4　或逻辑　　　　　　　　　图 3-5　或门符号

表 3-4　或逻辑真值表

A	B	Y
0	0	0
0	1	1
1	0	1
1	1	1

3)　非逻辑

非逻辑的逻辑关系是结果总是与原因相反，即只要某一原因满足条件，则结果就不成立。

例如，图 3-6 所示的控制灯电路图中开关与灯的状态是相反的，开关闭合，灯就灭，如果想要灯亮，则开关需断开。非逻辑真值表如表 3-5 所示。由表 3-5 可得，非逻辑为输入为 0，输出为 1；输入为 1，则输出为 0，非门符号如图 3-7 所示。

非逻辑的代数表达式为

$$Y = \overline{A} \tag{3-6}$$

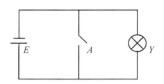

图 3-6　非逻辑

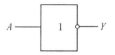

图 3-7　非门符号

表 3-5　非逻辑真值表

A	Y
0	1
1	0

逻辑非的运算规则是 $\overline{0}=1;\overline{1}=0$。

4. 常见的几种复合逻辑关系

与、或、非运算是逻辑代数中最基本的三种运算，几种常见的复合逻辑关系的逻辑表达式、逻辑符号及逻辑真值表如表 3-6 所示。

表 3-6　常见的几种逻辑关系

逻辑名称	与　非			或　非			与或非					异　或		
逻辑表达式	$Y=\overline{A \wedge B}$			$Y=\overline{A \vee B}$			$Y=\overline{(A \wedge B) \vee (C \wedge D)}$					$Y=A \oplus B$		
逻辑符号														
真值表	A	B	Y	A	B	Y	A	B	C	D	Y	A	B	Y
	0	0	1	0	0	1	0	0	0	0	1	0	0	0
	0	1	1	0	1	0	0	0	0	1	1	0	1	1
	1	0	1	1	0	0	…	…	…	…	…	1	0	1
	1	1	0	1	1	0	1	1	1	1	0	1	1	0
逻辑运算规律	有 0 得 1 全 1 得 0			有 1 得 0 全 0 得 1			余项为 1 结果为 0 其余输出全为 1					不同为 1 相同为 0		

5. 组合逻辑电路

1)　逻辑代数的基本公式

根据逻辑变量和逻辑运算的基本定义，可得出逻辑代数的基本定律。其基本定律和公式如表 3-7 所示。

表 3-7　逻辑代数的基本定律和公式

定　律	公　式	定　律	公　式
0-1 律	$A \wedge 0=0 \quad A \wedge 1=A$ $A \vee 0=A \quad A \vee 1=1$	结合律	$A \vee (B \vee C)=(A \vee B) \vee C$ $A \wedge (B \wedge C)=(A \wedge B) \wedge C$

续表

定　律	公　式	定　律	公　式
重叠律	$A \wedge A = A$ $A \vee A = A$	分配律	$A \wedge (B \vee C) = (A \wedge B) \vee (A \wedge C)$
互补律	$A \wedge \overline{A} = 0$ $A \vee \overline{A} = 1$	摩根定律	$\overline{A \vee B} = \overline{A} \wedge \overline{B}$ $\overline{A \wedge B} = \overline{A} \vee \overline{B}$
交换律	$A \vee B = B \vee A$ $A \wedge B = B \wedge A$	吸收律	$A \vee (A \wedge B) = A$ $A \wedge (A \vee B) = A$ $(A \wedge B) \vee (A \wedge \overline{B}) = A$

2)　逻辑代数基本规则

(1)　代入规则。

在逻辑函数表达式中，将凡是出现某变量的地方都用同一个逻辑函数代替，则等式仍然成立，这个规则称为代入规则。

(2)　反演规则。

将逻辑函数 Y 的表达式中所有"$\wedge$"变成"$\vee$"，所有"$\vee$"变成"$\wedge$"，所有"0"变成"1"，所有"1"变成"0"，所有"原变量"变成"反变量"，所有"反变量"变成"原变量"，所得的函数式就是 $\overline{Y}$。这个规则称为反演规则。

(3)　对偶规则。

将逻辑函数 Y 的表达式中所有"$\wedge$"变成"$\vee$"，所有"$\vee$"变成"$\wedge$"，所有"0"变成"1"，所有"1"变成"0"，则得到一个新的逻辑函数 Y'，Y'称为 Y 的对偶式。对偶规则为若某个逻辑恒等式成立，则它的偶式也成立。

任务二：数字电路的设计

1. 四脚微动开关结构与电路图

四脚微动开关结构及电路如图 3-8 所示。

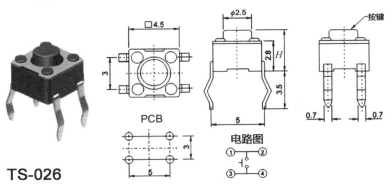

图 3-8　四脚微动开关结构及电路

2. 集成芯片 74LS00 和 74LS10 的引脚及功能

集成芯片 74LS00 和 74LS10 的引脚图及功能表如表 3-8 所示。

表 3-8 集成芯片引脚图、实物图及功能表

引脚图	实物图	功能表

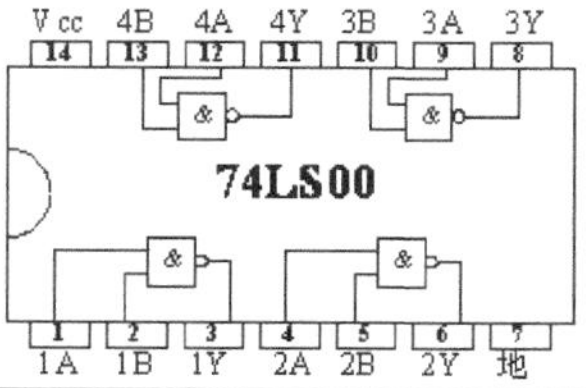

74LS00 引脚图

A	B	Y
0	0	1
0	1	1
1	0	1
1	1	0

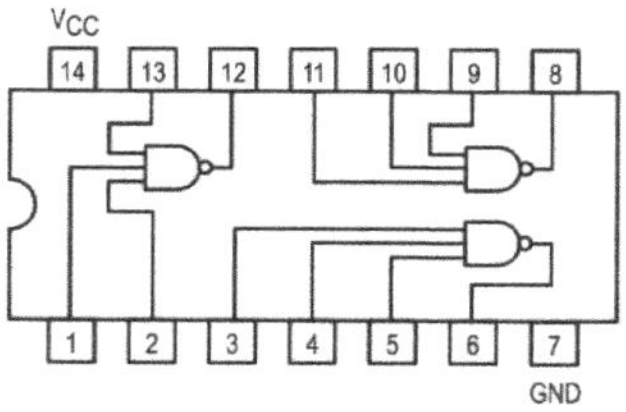

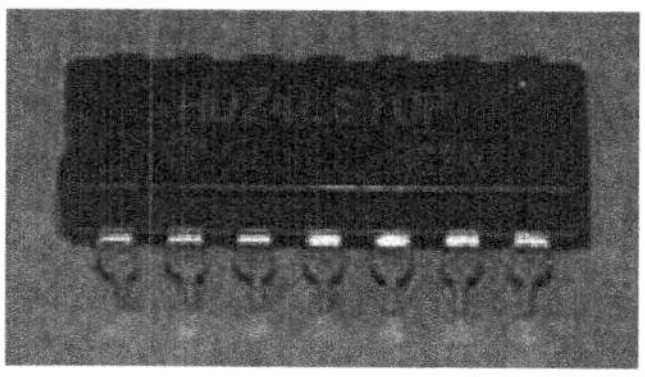

A	B	C	Y
0	0	0	1
0	0	1	1
0	1	0	1
0	1	1	1
1	0	0	1
1	0	1	1
1	1	0	1
1	1	1	0

3. 逻辑电路的分析方法

所谓逻辑电路的分析，就是根据已知的逻辑电路，确定其输入与输出之间的逻辑关系，验证和说明该电路逻辑功能的过程。

从给定组合逻辑电路图中找出输出和输入之间的逻辑关系，分析其逻辑功能，分析过程的一般步骤如下。

(1) 根据给定逻辑电路图，从电路的输入到输出逐级写出输出变量对应输入变量的逻辑表达式。

(2) 由写出的逻辑表达式化简，列出真值表。

(3) 通过逻辑表达式或真值表，分析出组合逻辑电路的逻辑功能。

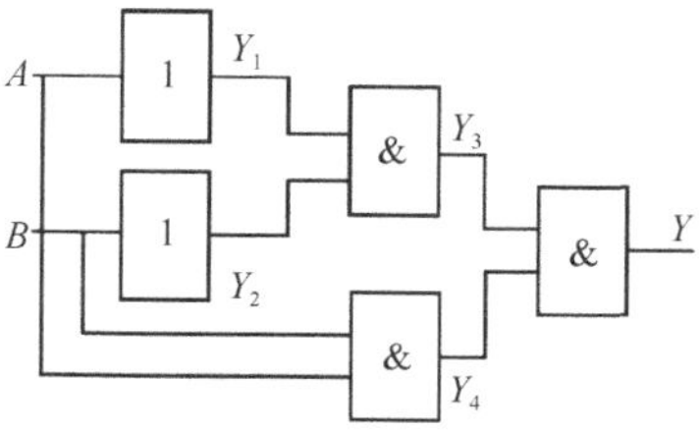

4. 分析举例

例 2 同或门逻辑电路如图 3-9 所示。

(1) 根据逻辑图写输出逻辑函数表达式。

图 3-9 同或门逻辑电路

$$\begin{cases} Y_1 = \overline{A} \\ Y_2 = \overline{B} \\ Y_3 = \overline{Y_1 \wedge Y_2} = \overline{\overline{A} \wedge \overline{B}} \\ Y_4 = \overline{A \wedge B} \\ Y = \overline{Y_3 \wedge Y_4} = \overline{\overline{\overline{A} \wedge \overline{B}} \wedge \overline{A \wedge B}} \end{cases}$$

(2) 化简逻辑函数。

将已得到的逻辑表达式用代数法或卡诺图法化简，得到最简与或表达式。

$$Y = \overline{\overline{\overline{A} \wedge \overline{B}} \wedge \overline{A \wedge B}} = (\overline{A} \wedge \overline{B}) \vee (A \wedge B)$$

(3) 列真值表，如表 3-9 所示。

表 3-9　同或门真值表

A	B	Y
0	0	1
0	1	0
1	0	0
1	1	1

(4) 分析逻辑功能。

该电路是一个同或门，即当 A 和 B 相同时，Y 为 1。

例 3　分析图 3-10 所示的逻辑电路，指出该电路的逻辑功能。

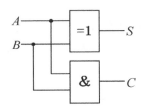

图 3-10　逻辑电路

解： (1)　首先确定电路输出逻辑表达式。

$$S = (\overline{A} \wedge B) \wedge (A \wedge \overline{B})$$

$$C = A \wedge B$$

(2) 对获得的表达式变换化简(已是最简式)。

(3) 根据最简表达式，列出相应真值表，如表 3-10 所示。

表 3-10　例 2 的真值表

A	B	S	C
0	0	0	0
0	1	1	0
1	0	1	0
1	1	0	1

分析以上真值表，可以发现，当输入变量 A、B 中只有一个为 1 时，输出 $S=1$，而两个变量 A、B 同时为 1 时，输出 $S=0$ 而输出 $C+1=1$，它正好实现了 A、B 一位二进制数的加法运算功能，这种电路称为一位半加器。所谓半加器，是指能对两个 1 位二进制数相加而求得和及进位的逻辑电路。其中，A、B 分别为两个一位二进制数相加的被加数、加数，S 为本位和，$C+1$ 是本位向高位的进位。

5. 组合逻辑电路的设计方法

所谓逻辑设计，就是根据给定的实际逻辑要求，设计出实现该功能的最简单的逻辑电路图。设计过程的基本步骤如下。

(1) 将文字描述的逻辑命题，转换为真值表。

① 分析事件的因果关系，确定输入和输出变量。一般总是把引起事件的原因定为输入变量，把引起事件的结果定为输出变量。

② 定义逻辑状态的含义。即给 0，1 逻辑状态赋值，确定 0，1 分别代表输入变量、输出变量的两种不同状态。

③ 根据因果关系列出真值表。

(2) 由真值表写出逻辑表达式，并进行化简。化简形式应根据所选门电路而定。

(3) 画出逻辑电路图。

至此，逻辑设计(或称原理设计)完成。为了把逻辑电路实现为具体的电路装置，还需要一系列工艺设计，如设计控制开关、电源、显示电路及机箱或面板等，还要完成调试，最后形成产品。

例 4 某产品有 A、B、C、D 四项指标。规定主要指标 A、B 必须满足要求，其余指标 C、D 只要有一个达标即可判定产品 Y 为合格。试设计一个逻辑电路实现此产品合格判定功能，要求：

(1) 列出真值表。

(2) 写出输出函数的最简与式。

(3) 画出用与非门实现该电路的逻辑图。

解：

(1) 真值表如表 3-11 所示。

表 3-11 例 4 的真值表

输　　入				输　　出
A	B	C	D	Y
1	1	0	1	1
1	1	1	0	1
1	1	1	1	1

(2) $Y = (A \wedge B \wedge \overline{C} \wedge D) \vee (A \wedge B \wedge C \wedge \overline{D}) \vee (A \wedge B \wedge C \wedge D) = (A \wedge B \wedge C) \vee (A \wedge B \wedge D)$

(3) $Y = (A \wedge B \wedge C) \vee (A \wedge B \wedge D) = \overline{\overline{(A \wedge B \wedge C)} \wedge \overline{(A \wedge B \wedge D)}}$

逻辑电路图如图 3-11 所示。

6. 常用芯片

74LS00 芯片是常用的具有四组 2 输入端的与非门集成电路，74LS10 芯片是常用的具有三组 3 输入端的与非门集成电路，它们的作用都是实现一个与非门。其引脚排列分别如图

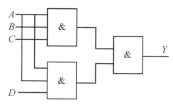

图 3-11　逻辑电路图

3-12、图 3-13 所示。

这两种芯片都是与非门，正常工作时首先要保证：7 号引脚接地，14 号引脚接直流电源，一般为+15V 即可。类似的 74 系列芯片有很多，在此就不一一列举了。

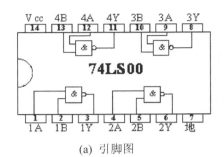
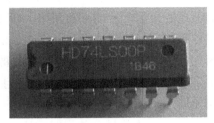

(a) 引脚图　　　　　　　　　　　　　　　(b) 实物图

图 3-12　74LS00 芯片的引脚图和实物图

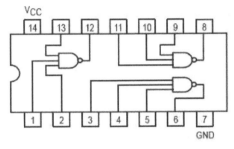
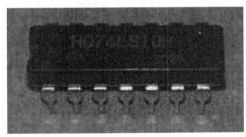

(a) 引脚图　　　　　　　　　　　　　　　(b) 实物图

图 3-13　74LS10 芯片的引脚图和实物图

7. LED

LED 照明行业是一个新兴行业，它以其独特的优点深受人们的青睐。如今在光电工程中，提高光效、节约能源和高可靠性已经成为人们共同追求的目标。我们在讨论和使用LED 光源时，都会想到 LED 的寿命长、节约能源、亮度高等特点。也正是因为如此，LED 光源才备受欢迎。LED 光源虽具有以上优点，却并不如人们所说得那么神奇。只有给其配上合适高效的 LED 电源、合理的电路、完善的防静电措施、正确的安装工艺才能充分发挥和利用 LED 光源的以上优点。

LED 的使用寿命，一般认为在理想状态下有 10 万小时。在实际使用过程中，其光强会随使用时间的推移逐渐衰减，即电能转化为光能的效率逐渐降低。我们能真正使用的有效光强范围应在其衰减到初始光强的 70%以上时，寿命是否可以定义为光效逐渐降低至70%的时间段，目前还没有明确的国家标准来衡量。而且 LED 的使用寿命与其芯片的质量和封装技术、工艺直接相关，据某 LED 封装厂的试验数据，有些芯片在 20mA 条件下连续点亮 4000 小时后其光亮度衰减已达 50%。但是随着技术、工艺的提高，光衰时间越来越缓慢，即 LED 的使用寿命越来越长。

1) LED 的节能及可靠性

LED 是电流控制器件，通过流过的电流，直接将电能转变为光能，故也称为光电转换器。因其不存在摩擦损耗和机械损耗，所以在节能方面比一般光源的效率高，但是 LED 光源并不能像普通光源那样可以直接使用电网电压，它必须配置一个电压转换装置，提供其额定的电压、电流，才能正常使用，即 LED 专用电源。各种不同的 LED 电源其性能和转换效率各不相同，所以选择合适、高效的 LED 专用电源，才能真正体现 LED 光源高效特性。因为低效率的 LED 电源本身就需要消耗大量电能，在配合 LED 的使用过程中根本就体现不出来 LED 的高效节能特性。而且 LED 电源也必须是高可靠性电源，才能使 LED 光源系统使用寿命长。

2) LED 的基本特性及使用时的注意事项

(1) 光电特性。

LED 在其电流极限参数范围内流过的电流越大，它的发光亮度越高。即 LED 的亮度与通过 LED 的电流成正比。但绿光和蓝光及白光在大电流的情况下会出现饱和现象，不仅发光效率大幅度降低，而且使用寿命也会缩短。

(2) 光学特性。

LED 按颜色分有红、橙、黄、绿、蓝、紫、白等多种颜色；按亮度分有普亮、高亮、超高亮等，同种芯片在不同的封装方式下，其亮度也不相同；按人的视觉可分为可见光和不可见光；按发光颜色的多少可分为单色、双色、七彩等多种类型。色彩的纯度不同，价格相差很大，现行的纯白色 LED 价格特贵。同时发光视角不同，光效亦不同，使用时需注意。

8. 常见的 LED 电性能参数

1) LED 正向电压

不同颜色的 LED 在额定的正向电流条件下，有着各自不同的正向压降值，红色和黄色：1.8～2.5V 之间；绿色和蓝色：2.7～4.0V 之间。对于同种颜色的 LED，其正向压降值和光强也不是完全一致的，如表 3-12 所示。

表 3-12　不同颜色 LED 对比

发光颜色	外观颜色	波长 λD/nm	正向电压/V
红色	水透明	620～645	1.8～2.2
黄绿色	水透明	570～575	1.8～2.2
黄色	水透明	585～595	1.8～2.2
蓝色	水透明	455～475	3.0～3.4
绿色	水透明	515～535	3.0～3.4
蓝绿色	水透明	490～515	3.0～3.4
白色	水透明	3.0～3.4	3.0～3.4

在同一电路中应该尽量使用在额定电流条件下正向压降值相同、光强范围小的 LED。只有这样才能保证 LED 的发光效果一致。其具体的电性参数可参考各封装厂包装提供的产品分光参数标签值。

2)　LED 的额定工作电流

LED 的额定电流各不相同，普通的 LED 电流一般为 20mA，大功率的 LED 电流一般为 40 mA 或 350 mA 不等。具体要参考各封装厂提供的电流参数值。

一般 LED 在反向电压 V_R=5V 的条件下，反向电流 $I_R \leqslant 10\mu A$。

3)　LED 的功率

LED 功率的大小也各不相同，有 70mW、100mW、1W、2W、3W、5W 等，所以必须根据所选择的 LED，设计合理的使用电路和配置合适的 LED 数量，使其完全满足 LED 电源的额定值，如果设计的电路使每个 LED 分担电压或电流过高就会严重影响 LED 的使用寿命甚至烧毁 LED，如果分担的电压或电流过低则激发的 LED 光强不够，就不能充分发挥 LED 应有的效果，达不到我们所期望的目的。

4)　温度特性

(1)　LED 的焊接温度应在 250℃以下，焊接时间控制在 3～5s 之间。要注意避免 LED 温度过高从而使芯片受损。

(2)　LED 的亮度输出与温度成反比，温度不仅影响 LED 的亮度，也影响它的寿命。使用中尽量减少电路发热，并做一定的散热处理。

5)　防静电特性

LED 装配过程中必须加强防静电措施，因为操作过程和人体本身都会产生静电，对于双电极的 LED 最容易被静电反向击穿，从而严重影响 LED 的使用寿命甚至使其报废。

如防静电环境不是非常完善，可以给 LED 使用者增加防静电腕带，设置良好的防静电接地系统、离子风机等设备。

9. 电源的分类及特性

1)　按驱动方式分类

(1)　恒流式。

①　恒流驱动电路输出的电流是恒定的，而输出的直流电压却随着负载阻值的大小不同而在一定范围内变化，负载阻值越小，输出电压就越低，负载阻值越大，输出电压也就越高。

②　恒流电路不怕负载短路，但严禁负载完全开路。

③　恒流驱动电路驱动 LED 是较为理想的，但相对而言价格较高。

④　应注意所使用的最大承受电流及电压值，它限制了 LED 的使用数量。

(2)　稳压式。

①　当稳压电路中的各项参数确定以后，输出的电压是固定的，而输出的电流却随着

负载的增减而变化。

② 稳压电路不怕负载开路，但严禁负载完全短路。

③ 以稳压电路驱动 LED，需要加上合适的电阻方可使每串 LED 显示的亮度都一致。

④ 亮度会受整流而来的电压变化影响。

2) 按电路结构方式分类

(1) 电容降压方式：通过电容降压，在闪动使用时，由于充放电的作用，通过 LED 的瞬间电流极大，容易损坏芯片。容易受电网电压波动的影响，电源效率低、可靠性低。

(2) 电阻降压方式：通过电阻降压，受电网电压变化的干扰较大，不容易做成稳压电源，降压电阻要消耗很多能量，所以这种供电方式电源效率很低，而且系统的可靠性也比较低。

(3) 常规变压器降压方式：电源体积小、质量偏重，电源效率也很低，一般只有45%～60%，所以很少使用，可靠性不高。

(4) 电子变压器降压方式：电源效率较低，电压范围也不宽，一般只有 180～240V，波纹干扰大。

(5) RCC 降压方式开关电源：稳压范围比较宽、电源效率比较高，一般可以做到70%～80%，应用也较广。由于这种控制方式的振荡频率是不连续的，开关频率不容易控制，负载电压波纹系数也比较大，异常负载适应性差。

(6) PWM 控制方式开关电源：主要由四部分组成，输入整流滤波部分、输出整流滤波部分、PWM 稳压控制部分、开关能量转换部分。PWM 开关稳压的基本工作原理就是在输入电压、内部参数及外接负载变化的情况下，控制电路通过被控制信号与基准信号的差值进行闭环反馈，调节主电路开关器件导通的脉冲宽度，使得开关电源的输出电压或电流稳定(即相应稳压电源或恒流电源)。电源效率极高，一般可以做到 80%～90%，输出电压、电流稳定。一般这种电路都有完善的保护措施，属于高可靠性电源。

10. LED 限流电阻的大小计算

请问把 18 个发光二极管通过串联或并联方式点亮，电源电压是 12V，限流电阻怎样计算。

(电源电压−LED 切入电压)÷限流电流=电阻值

即

$$\frac{U_S - U_{LED}}{I_F} = R_V \tag{3-7}$$

其中，U_S 为电源电压，U_{LED} 为二极管电压，I_F 为二极管正向电流，R_V 为限流电阻。

假设购买的 LED 切入电压是 3.2V，限流电流 20mA，带入式(3-7)：

(电源电压 12V−LED 切入电压 3.2V)÷限流电流 20mA(mA=0.001A，20mA=0.02A)

所以也就是 8.8V÷0.02A=440Ω

如果是三颗 LED 串联就是

$$(12V-3.2\times3)\div20mA$$

也就是 2.4V÷0.02A = 120Ω

依次类推。

3.6　电　路　图

三人表决电路如图 3-14 所示。

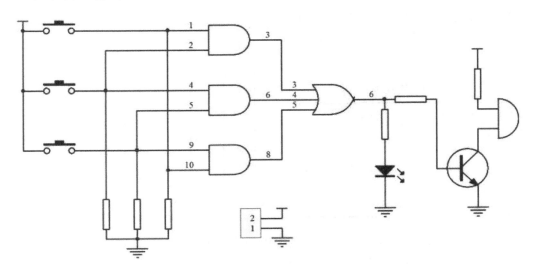

图 3-14　三人表决电路

3.7　引导性问题

任务一：数字电路的分析

1. 填写表 3-13、表 3-14。

表 3-13　逻辑函数

标　志	名　称	读　作	示　例
一	非	A 非	_____
∨	或	A 或 B	_____
∧	与	A 与 B	_____
∨̄	或非	A 或 B 非	_____
∧̄	与非	A 与 B 非	_____

表 3-14　真值表

A	$\overline{A}$	A	B	$A \vee B$	A	B	$A \wedge B$
0	——	0	0		0	0	
	——	0	1		0	1	
1	——	1	0		1	0	
	——	1	1		1	1	

2. 请将电路图 3-15 补充完整，确定该图的逻辑表达式 E，并完成真值表 3-15。

$E=$ _____

表 3-15　真值表

a	b	$\overline{a}$	$\overline{b}$	$(\overline{a} \wedge b) \vee (a \wedge \overline{b})$
0	0	—	—	_____
0	1	—	—	_____
1	0	—	—	_____
1	1	—	—	_____

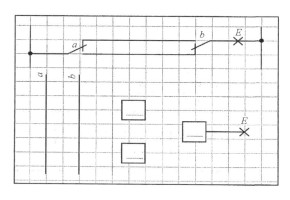

图 3-15　数字电路图

3. 根据开关按钮 S_1，S_2 和 S_3 及其变量(0 和 1)，确定接触器电路(见图 3-16)的接触器线圈 $K_1 = (S_1 \vee K_1) \wedge \overline{K}_2$ 的功能 K_1，$K_2 K_2 = \overline{S}_2 \wedge S_3 \wedge \overline{K}_1$，$K_3$。完成相应的真值表 3-16。

表 3-16　真值表

S_1	S_2	S_3	K_1	K_2	K_3
0	0	0	—	—	—
0	0	1	—	—	—
0	1	0	—	—	—
0	1	1	—	—	—
1	0	0	—	—	—
1	0	1	—	—	—
1	1	0	—	—	—
1	1	1	—	—	—

图 3-16　接触器电路

电路功能：

K_1: _____

K_2: _____

K_3: _____

4. 完成推导摩根定律真值表 3-17。

表 3-17　推导摩根定律真值表

A	$\overline{A}$	B	$\overline{B}$	$A \vee B$	$A \wedge B$	$\overline{A \wedge B}$	$\overline{A \vee B}$	$\overline{A} \wedge \overline{B}$	$\overline{A} \vee \overline{B}$
0	___	0	___	___	___	___	___	___	___
0	___	1	___	___	___	___	___	___	___
1	___	0	___	___	___	___	___	___	___
1	___	1	___	___	___	___	___	___	___

真值表 3-17 中的两个规律是什么？　(摩根定律：$\overline{A \wedge B}$ 和 $\overline{A \vee B}$)

5. 设计一个二进制数加法电路，要求有两个加数输入端 a 和 b、一个求和输出端 S 和一个进位输出端 $Ü$。请在表 3-18 中确定 S 和 $Ü$ 的值，并完成图 3-17 中的接触器电路和逻辑电路。

表 3-18　加法电路真值表

a	b	S	$Ü$
0	0	___	___
0	1	___	___
1	0	___	___
1	1	___	___

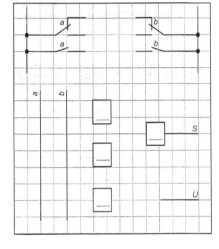

图 3-17　加法器电路

S 和 $Ü$ 的功能：

$S=$ _____

$Ü=$ _____

6. 在图 3-18 中，输入对应的数字。

(1)　模拟信号。

(2)　数字信号。

(3)　二进制信号。

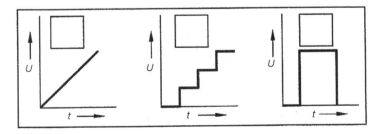

图 3-18　信号类型

7. 解释概念：(1)模拟信号；(2)数字信号；(3)二进制字符。

(1) _____

(2) _____

(3) _____

8. 完成表 3-19。

表 3-19　集成电路的电路系列

电路系列	说明和优势	工作电压
TTL		
CMOS		

9. 补充完整表 3-20 中的逻辑表达式、逻辑符号及逻辑真值表。

表 3-20　常见的几种逻辑关系

名称	与	或	非	与非	或非
逻辑表达式					
逻辑符号	A B =1 — Y	A B ≥1 — Y	A — 1 — Y	A B & — Y	A B ≥1 — Y
真值表	A B Y 0 0 0 1 1 0 1 1	A B Y 0 0 0 1 1 0 1 1	A Y 0 1	A B Y 0 0 0 1 1 0 1 1	A B Y 0 0 0 1 1 0 1 1
逻辑运算规律					

10. 完成图 3-19(集成芯片)。

引脚 14: _____　引脚 12+13: _____　引脚 11: _____

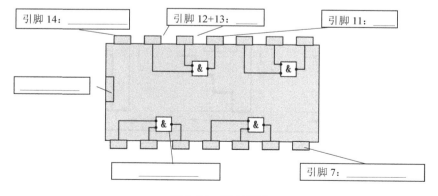

_____

_____　引脚 7: _____

图 3-19　集成芯片

11. 图 3-19 集成芯片的编号的方向是什么？

_____

12. 在图 3-20 中，U_1 是输入电压，U_2 是输出电压，请问输出电压 U_2 两种信号状态(a)U_2=1 和(b)U_2=0 对应的电压各是多少？

(a) _____

(b) _____

13. 在输入电压 U_1 等于多少时 0 和 1 之间发生了切换？

_____

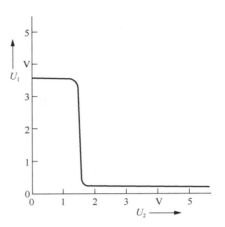

图 3-20 传输特性曲线

14. 按照图 3-21 补充(1)真值表和(2)波形图。

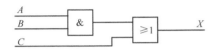

(1)数字电路							
A	B	C	X	A	B	C	X
0	0	0	0	1	0	0	0
0	0	1	—	1	0	1	1
0	1	0	—	1	1	0	—
0	1	1	—	1	1	1	1

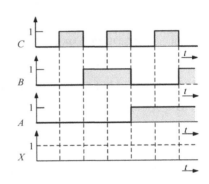

图 3-21 数字电路波形图

15. 添加数字电路如图 3-22(a)和图 3-22(b)所示的真值表。

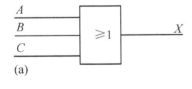

(a)

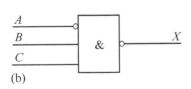

(b)

图 3-22 数字电路

(a)数字电路			
A	B	C	X
0	0	0	—
0	0	1	—
0	1	0	—
0	1	1	—
1	0	0	—
1	0	1	—
1	1	0	—
1	1	1	—

(b)数字电路			
A	B	C	X
0	0	1	—
0	1	0	—
0	1	1	—
1	0	0	—
1	0	1	—
1	1	0	—
1	1	1	—

16. 根据图 3-23 中所示电路，填写下列真值表。

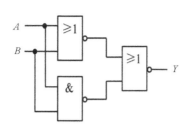

A	B	Y
0	0	0
		——
1	0	——
		——

图 3-23　数字电路

17. 十进制数 1000 对应二进制数为_____，对应十六进制数为_____。

供选择的答案：

A：① 1111101010　　② 1111101000　　③ 1111101100　　④ 1111101110

B：① C8　　　　　② D8　　　　　　③ E8　　　　　　④ F818

18. 十进制小数 0.96875 对应的二进制数为_____，对应的十六进制数为_____。

供选择的答案：

A：① 0.11111　　　② 0.111101　　　③ 0.111111　　　④ 0.1111111

B：① 0.FC　　　　② 0.F8　　　　　③ 0.F2　　　　　④ 0.F1

19. 二进制的 1000001 相当于十进制的_____。

供选择的答案：

① 62　　　　　　② 63　　　　　　③ 64　　　　　　④ 65

20. 十进制的 100 相当于二进制的_____，相当于十六进制的_____。

供选择的答案：

A：① 1000000　　② 1100000　　　③ 1100100　　　④ 1101000

B：① 100H　　　② AOH　　　　　③ 64H　　　　　④ 10H

21. 八进制的 100 转换为十进制为_____，十六进制的 100 转换为十进制为_____。

供选择的答案：

A：① 80　　　　② 72　　　　　　③ 64　　　　　　④ 56

B：① 160　　　　② 180　　　　　③ 230　　　　　④ 256

22. 十六进制数 FFF.CH 相当于十进制数_____。

供选择的答案：

① 4096.3　　　　② 4096.25　　　③ 4096.75　　　④ 4095.75

23. 2005 年可以表示为_____年。

供选择的答案：

① 7C5H　　　　② 6C5H　　　　③ 7D5H　　　　④ 5D5H

24. 二进制数 10000.00001 将其转换成八进制数为_____；将其转换成十六进制数为_____。

供选择的答案：

A：① 20.02　　　② 02.01　　　③ 01.01　　　④ 02.02

B：① 10.10　　　② 01.01　　　③ 01.04　　　④ 10.08

25. 将下列十进制数转换成二进制数，再转换成八进制数和十六进制数填入表 3-21 中。

表 3-21　不同进制转换

十进制(D)	二进制(B)	八进制(O)	十六进制(H)
67	_____	_____	_____
253	_____	_____	_____
1024	_____	_____	_____
218.875	_____	_____	_____
0.0625	_____	_____	_____

26. 在海上，早期没有无线电通信设备，人们通常使用三面分别为由红、黄、蓝三种颜色的彩色小旗的排列来表达某种信息，它最多能表示的信息个数是_____。

　　　A. 12 种　　　　B. 27 种　　　　C. 64 种　　　　D. 8 种

27. 某军舰上有五盏信号灯，信号灯只有"开"和"关"两种状态，如果包括五盏信号灯全关的状态，则最多能表示的信号编码数为_____。

　　　A. 120 种　　　　B. 31 种　　　　C. 32 种　　　　D. 5 种

28. $(93)_{10}=($_____$)_2=($_____$)$8421BCD

任务二：数字电路的设计

1. LED 灯的优点有哪些？

_____

2. 填写表 3-22 中 LED 正向电压的范围。

表 3-22　不同颜色 LED 对比

发光颜色	外观颜色	波长λD/nm	正向电压/V
红色	水透明	620～645	_____
黄绿色	水透明	570～575	_____
黄色	水透明	585～595	_____
蓝色	水透明	455～475	_____
绿色	水透明	515～535	_____
蓝绿色	水透明	490～515	_____
白色	水透明	3.0～3.4	_____

3. 请问把一个发光二极管点亮，电源电压是 12V，限流电阻怎样计算。已知：(电源电压 V-LED 正向电压 V)÷限流电流 A=电阻值Ω。

即：$\dfrac{U_S - U_{LED}}{I_F} = R_V$

其中，U_S 为电源电压，U_{LED} 为二极管电压，I_F 为二极管正向电流，R_V 为限流电阻。假设你买的 LED 正向电压是 3.2V，限流电流 20mA。

代入公式就是：＿＿＿＿＿＿＿＿＿＿＿＿＿＿＿＿＿＿＿＿＿＿＿＿＿＿

3.8　工作计划

3.8　工作计划(1)						
项目：三人表决电路的设计				任务一：数字电路的分析		
姓名：				日期：		
序号	工作步骤	备注	备料清单 工具/辅助工具	工作安全和环境	计划用时	每日工作时间

3.8　工作计划(2)

序号	工作步骤	备注	备料清单 工具/辅助工具	工作安全和 环境	计划用时	每日工作时间

项目：三人表决电路的设计　　　任务二：数字电路的设计

姓名：　　　日期：

3.9 总　　结

3.9 总结(1)	
项目：三人表决电路的设计	任务一：数字电路的分析
姓名：	日期：

　　1. 请简要描述执行此子项目过程中的工作方法(步骤)。

　　2. 读者在加工此子项目过程中可以获得哪些新知识？

　　3. 读者在下一次遇到类似的任务设置时，需要做哪些改善？

　　4. 为了让读者的同事能理解并继续实施读者所进行的工作，该同事需要获得哪些信息？

3.9　总结(2)	
项目：三人表决电路的设计	任务二：数字电路的设计
姓名：	日期：

1. 请读者简要描述执行此子项目过程中的工作方法(步骤)。

2. 读者在加工此子项目过程中可以获得哪些新知识？

3. 读者在下一次遇到类似的任务设置时，需要做哪些改善？

4. 为了让读者的同事能理解并继续实施读者所进行的工作，该同事需要获得哪些信息？

检测—评分表(1)

项目：三人表决电路的设计　　　　　　　　任务一：数字电路的分析

姓名：　　　　　　　　　　　　　　　　　日期：

序号	评价要素		检测—评分标准	参考分值	得分 自评	得分 小组	得分 教师
1	学习能力(40分)	基本分	无重大过失，即可得到满分10分	0～10			
		任务完成质量	高：13～15分，较高：10～12分，一般：7～9分，较低：4～6分，低：1～3分	0～15			
		提出关键性建议	任讨论中发言得到大家一致认同的建议：5次以上15分，5次以下每次3分	0～15			
2	学习态度(30分)	基本分	基本能够参与到学习活动中，态度诚恳即可得到满分10分	0～10			
		工作责任感	出勤率：全勤5分，缺勤一次扣1分，扣完为止	0～5			
			任务完成速度：按时完成任务加3分，推迟5分钟扣1分，依次类推，扣完为止	0～3			
		工作积极性	活动参与度：参加一次加0.5分，封顶2分	0～2			
			讨论热情：参与讨论，一次加1分，封顶4分	0～4			
			课堂发言：发言一次，封顶3分	0～3			
			课堂讨论：课堂参与讨论，一次0.5分，封顶3分	0～3			
3	团队合作(30分)	基本分	积极参与，无对团队产生负面影响的行为，即可得到满分10分	0～10			
		共同完成任务	每次都参与小组讨论，并按时按量完成小组分工作业的为满分10分，讨论缺勤一次扣1分，作业不按时按量提交的一次扣1分。扣完为止	0～10			
		帮助其他队员完成任务	帮助其他队员一次加1分，封顶5分	0～5			
		对外沟通次数	每次小组讨论后，与其他小组交流、沟通作业结果，沟通一次加1分，封顶5分	0～5			

总分：(100分)

最终得分(自评得分×20%+小组得分×30%+教师得分×50%)：

检测-评分表(2)

项目：三人表决电路的设计　　　　任务二：数字电路的设计

姓名：　　　　日期：

序号	评价要素		检测-评分标准	参考分值	得分		
					自评	小组	教师
1	学习能力 (40分)	基本分	无重大过失，即可得到满分 10 分	0~10			
		任务完成质量	高：13~15 分，较高：10~12 分，一般：7~9 分，较低：4~6 分，低：1~3 分	0~15			
		提出关键性建议	在讨论中发言得到大家一致认同的建议：5 次以上 15 分，5 次以下每次得 3 分	0~15			
2	学习态度 (30分)	基本分	基本能够参与到学习活动中，态度诚恳即可得到满分 10 分	0~10			
		出勤率	全勤 5 分，缺勤一次扣 1 分，扣完为止	0~5			
		工作责任感	按时完成任务加 3 分，推迟 5 分钟扣 1 分，依次类推，扣完为止	0~3			
		任务完成速度	参加一次加 0.5 分，封顶 2 分	0~2			
		活动参与度	参与讨论，一次加 1 分，封顶 4 分	0~4			
		讨论热情	发言参与讨论，一次 0.5 分，封顶 3 分	0~3			
		课堂发言	发言一次 1 分，封顶 3 分	0~3			
		课堂参与讨论					
3	团队合作 (30分)	基本分	积极参与，无对团队产生负面影响的行为，即可得到满分 10 分	0~10			
		共同完成任务	每次都参与小组讨论，并按时按量完成小组分工作业的为满分 10 分，讨论缺勤一次扣 1 分，作业不按时按量提交的一次扣 1 分，扣完为止	0~10			
		帮助其他队员完成任务	帮助其他队员一次加 1 分，封顶 5 分	0~5			
		对外沟通次数	每次小组讨论后，与其他小组交流、沟通作业结果、沟通一次加 1 分，封顶 5 分	0~5			

总分：(100 分)

最终得分(自评得分×20%+小组得分×30%+教师得分×50%)：

项目4 USB 迷你可充电小风扇的制作与调试

4.1 项 目 描 述

在生活中，根据不同的天气情况，对风扇的转速有不同的要求。常见的风扇基本能调整风速，满足人们的需求。本项目通过设计和制作 USB 迷你可充电小风扇，学习锂电池充电电路、直流电机的选型以及风扇电路的原理。

4.2 项 目 图 片

USB 迷你可充电小风扇的外观如图 4-1 所示。

图 4-1 USB 迷你可充电小风扇外观

4.3 功 能 描 述

任务一：USB 迷你可充电小风扇电路的设计

通过 USB 迷你可充电小风扇电路的设计，掌握锂电池充电电路、直流电机的型号选择以及风扇电路的原理。

任务二：USB 迷你可充电小风扇电路的焊接与调试

如图 4-2 所示，通过焊接 PCB 印制电路板，掌握风扇电路的焊接技术，为今后的复杂电路焊接打下基础。

4.4　零件清单

项目所需零件清单如表 4-1 所示。

表 4-1　项目所需零件清单

名　称	型号或规格	单位	数量
电工常用工具	验电笔、钢丝钳、螺钉旋具(一字形和十字形)、电工刀、尖嘴钳、活动扳手、剥线钳等	套	1
数字式万用表	DT9205A 型	块	1
锂电池	—	块	1
碳膜电阻	1kΩ	个	3
碳膜电阻	56kΩ	个	1
印制电路板	—	块	1
防护工具	绝缘手套、绝缘靴、绝缘垫等	套	1
LED	蓝色　0603A	只	4
LED	红色　0603A	只	1
LED	白色　F5　DIP-2	只	1
电感	CD43-2.2uH/M	只	1
镊子	医用	把	1
电烙铁	25W，内热式	把	1
贴片按键	6×6×4　　SMT	个	2
场效应晶体管	2300 S0T23-3	个	2
电容器	10 μF	个	2
芯片	ZS6088　　S0P-16	个	1
USB 接口	MUSB　SMT	个	1
电池极片	—	个	2
螺丝钉	—	个	4
电机，叶扇，USB 充电线、外壳	—	套	1

4.5 数 据 页

1. USB 接口

USB 接口如表 4-2 所示。

表 4-2   USB 接口

概　念	说明、图示	注意事项
USB (带电插拔)	通用串行总线 USB(Universal Serial Bus)是一种外部总线，可以将外设与计算机或控制器连接起来，并且支持热插拔	USB 可以把外部设备，如键盘、鼠标、扫描仪、打印机等与计算机连接起来，识别有 USB 能力的外部设备，自动下载适合的接口驱动器
USB 接口 A 型　B 型 USB3.0	**USB**　Standard A　Standard B　- D+ D- +　+ D-　1 2　4 3 2 1　4 3　- D+	**USB 引脚定义** | 管脚	名称	导线颜色	说明
---	---	---	---
1	V_{CC}	红色	+5V
2	D+	白色	信号线+
3	D-	绿色	信号线-
4	GND	黑色	接地	

2. ZS6088 芯片简介

ZS6088 芯片如表 4-3 所示。

表 4-3   ZS6088 芯片

概　述	图　示
ZS6088 芯片是一款应用于移动风扇，集成了锂电池充电管理、USB 升压输出、风扇驱动、电池电量和风扇挡位显示、双按键控制的集成电源管理 IC	1 FLED　VIN 16 2 CTR　SYS 15 3 CS　USB 14 4 TAP　FAN 13 5 DCHG　SW 12 6 D1　NG 11 7 D2　GND 10 8 D3　BAT 9 ZS6088

3. ZS6088 芯片引脚定义及功能

ZS6088 芯片引脚定义及功能如表 4-4 所示。

表 4-4　ZS6088 引脚定义及功能

引脚符号	引脚名称	引脚功能
1	FLED	手电筒驱动引脚
2	CTR	电池过放/过流/短路保护控制脚
3	CS	电池负端检测脚
4	TAP	按键信号输入引脚
5	DCHG	充电状态指示引脚
6	D1	风扇第一挡位及电量显示引脚
7	D2	风扇第二挡位及电量显示引脚
8	D3	风扇第三挡位及电量显示引脚
9	BAT	电池正端检测脚
10	GND	系统接地引脚
11	NG	外部 NMOS 驱动引脚
12	SW	电感驱动引脚
13	FAN	风扇驱动引脚
14	USB	USB 正极输出引脚
15	SYS	系统电源引脚
16	VIN	电源输入引脚

4.6　电　路　图

USB 迷你可充电小风扇电路如图 4-2 所示。

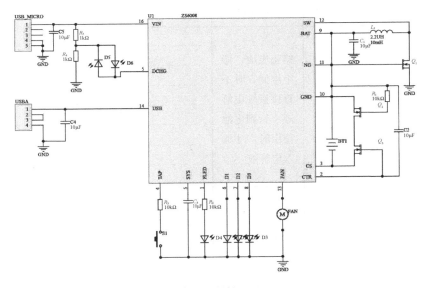

图 4-2　USB 迷你可充电小风扇电路

4.7 引导性问题

任务一：USB 迷你可充电小风扇电路的设计

1. 在表 4-5 中，填写电池分类的示例。

表 4-5　电池的分类

按电解液种类划分	示　例	按工作性质和储存方式划分	示　例	按电池所用正、负极材料划分	示　例
碱性电池，电解质以氢氧化钾溶液为主的电池	———	一次电池，又称原电池，即不能再充电的电池；二次电池，即可充电池	———	锌系列电池	———
酸性电池，主要以硫酸水溶液为介质	———	燃料电池，正负极本身不包含活性物质，活性材料连续不断地从外部加入的电池	———	铅系列电池	———
中性电池，电解质为盐溶液	———	储备电池，即电池储存时不直接接触电解液，直到电池使用时，才加入电解液	———	二氧化锰系列电池	———
有机电解液电池，电解质为有机溶液	———	其他电池	———	空气(氧气)系列电池	———

2. 在表 4-6 中，填写常见电池的类别、特点和用途。

表 4-6　常见电池的类别、特点和用途

名　　称	类　别	特　　点	型　　号	用　　途
碳性电池	_____	_____ _____ _____	常见产品：1 号、2 号、5 号、7 号、纽扣式等	_____ _____ _____
碱性电池	_____	_____ _____ _____	常见产品：1 号、2 号、5 号、7 号、纽扣式等	_____ _____ _____
镍镉电池	_____	_____ _____ _____	常见产品：1 号(D型)、2 号(C 型)、5 号(AA)、7 号(AAA)、纽扣式和各种非标型号	_____ _____ _____
镍氢电池	_____	_____ _____ _____	常见产品：1 号(D 型)、2 号(C 型)、5 号(AA)、7 号(AAA)、纽扣式和各种非标型号	_____ _____ _____
锂离子电池	_____	_____ _____	形状有柱形、方形、异形	_____ _____
锂聚合物电池	_____	_____ _____	外形可以随意变化	_____ _____

3. 在表 4-7 中，填写电池使用注意事项。

表 4-7　电池使用注意事项

序　号	注意事项
1	
2	
3	
4	
5	
6	

125

4.

(1) 废电池的危害是什么？

(2) 如何回收废电池？

(1) _____

_____

_____

_____

_____

_____

_____

_____

_____

(2) _____

_____

_____

_____

_____

_____

_____

_____

_____

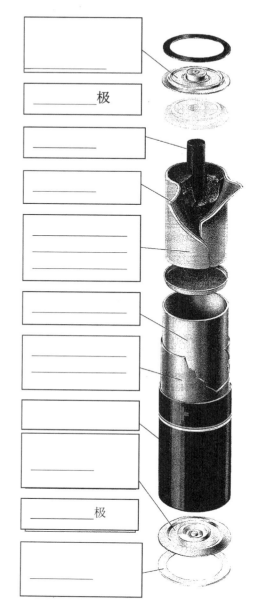

_____极

_____极

图 4-3　锌-碳电池的组成

5. 在图 4-3 中，填写完整锌-碳电池的组成部分，并标注电池的正负极。

6. 什么是电解液？请举例。

_____

_____

7. 在图 4-4 电流元素原理中，使用的是哪种电解质？

_____

_____

8. 请在图 4-4 中填写电极的极性+(加号)和-(负号)，以及电流方向和电子运动方向。

9. 请描述图 4-4 中电流流动的过程。

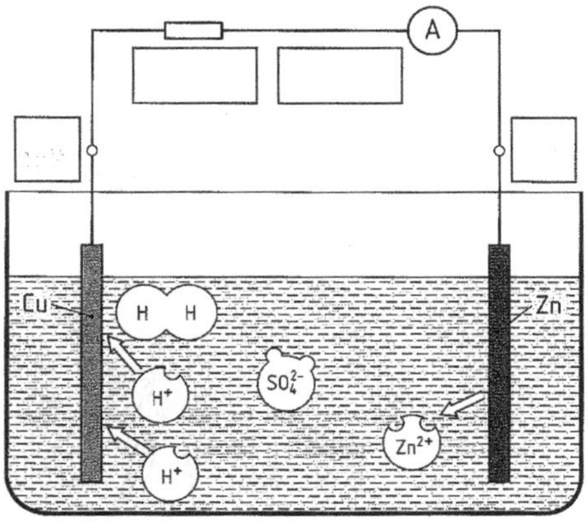

_____

_____

图 4-4　电流元素原理示意图

10. 请列举电解的应用。

_____

_____

_____

_____

11. 在表 4-8 中填写电机的类型。

表 4-8　电机的分类

按功能用途来分	动力类		直流电机		
		旋转电机		异步电机	
			交流电机		
				同步电机	
	控制电机	伺服电机			
		力矩电机			

12. 在图 4-5 中填写直流电机的组成。

1. _____ 2. _____ 3. _____ 4. _____ 5. _____

6. _____ 7. _____ 8. _____ 9. _____

13. 图 4-5 中,哪些属于直流电机的定子部分?哪些属于转子部分?

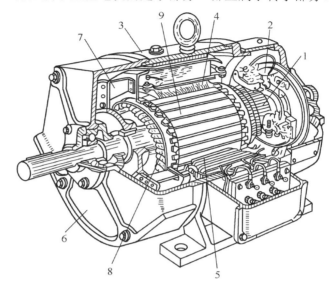

图 4-5　直流电机装配结构

定子部分: _____

转子部分: _____

14. 图 4-6 是直流电机按励磁方式的不同进行的分类,请在相应的分类一栏中填写正确的名称。

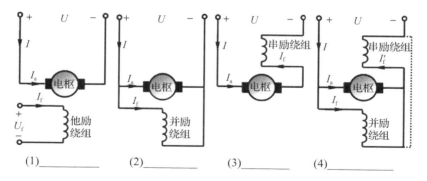

图 4-6　直流电机的分类

15. 已知电机的额定电压 U_N、额定电流 I_N、额定效率 η_N,在表 4-9 中写出额定功率 P_N 的公式。

表 4-9　电机的额定功率

直流电动机	
直流发电机	

16. 在表 4-10 中，填写直流电机的优点和缺点。

表 4-10　直流电机的优点和缺点

	优　点		缺　点
1		1	
2		2	
3		3	
4		4	
5			

17. 在表 4-11 中，填写直流电机的应用案例。

表 4-11　直流电机的应用案例

直流发电机	
直流电动机	

18. 在表 4-12 中，填写直流电机的型号及意义。

表 4-12　直流电机的型号及意义

型　号	意　义
Z2	
Z、ZF	
ZZJ	
ZT	
ZQ	
ZH	
ZU	
ZA	
ZKJ	

任务二：USB 迷你可充电小风扇电路的焊接与调试

1. 一台他励直流电动机，其额定数据为：P_N=17kW，R_a=0.22Ω，U_N=220V，I_N=91A，n_N=1500r/min。试求：

(1) 图 4-7 所示为该电动机的机械特性曲线，请求出坐标$(0, n_0)$，(T_N, n_N)。

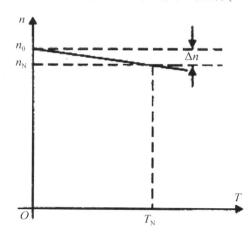

图 4-7　他励直流电动机的机械特性曲线

(2) 直接启动时的启动电流 I_{st} 是多少？可以直接启动吗？如果不能，试写出解决方案。

(3) 如果使启动电流不超过额定电流的两倍，求启动电阻为多少欧姆？此时启动转矩为多少？

(4) 如果采用降压启动，启动电流仍限制为额定电流的两倍，此时电源电压应为多少？

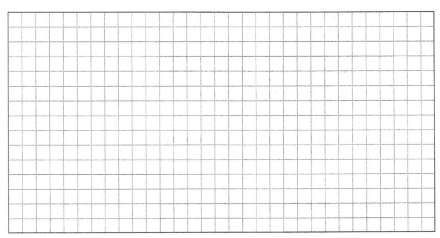

2. 如图 4-7 所示的直流电机的机械特性图，试求：

(1) 电动机的电枢电压降至 180V 时，电动机的转速是多少？

(2) 励磁电流 $I_f=0.8I_N$(即磁通 $\Phi=0.8\Phi N$)时，电动机的转速是多少？

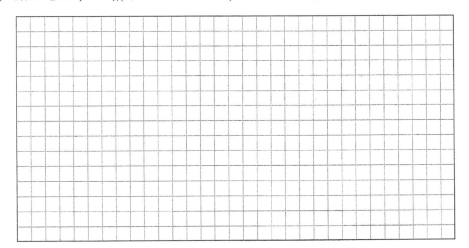

3. 请列举出通过感应产生电压的设备实例。

_____

_____

4. 线圈通过磁场抵消了电流强度的变化，这是线圈的什么性质？

_____

5. 写出电感的符号、单位名称和单位字符，如表 4-13 所示。

表 4-13　电感

符号	
单位名称	
单位字符	

6. 由电感的定义式可以推导出电感的单位亨利又等于什么？

7. 电感的单位 1Ω·s 的意义是什么？

8. 在表 4-14 电感单位的换算中，计算不同的电感值。

表 4-14　电感单位的换算

1960μH=		mH
97.6nH=		mH
0.000287μH=		pH
0.0432H=		μH
732000nH=		mH
576μH=		6H

9. 变压器有哪两个任务？

10. 在图 4-8(变压器)中输入以下内容。

(1)　输入端。

(2)　输出端。

(3)　输入绕组(初级绕组)。

(4)　输出绕组(次级绕组)。

(5)　铁芯。

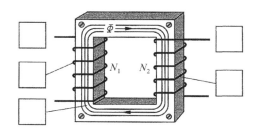

图 4-8　变压器

11. 在图 4-9 中输入以下内容。

(1)　输入绕组中的电流方向。

(2)　铁芯磁场方向。

(3)　输出绕组电压的极性。

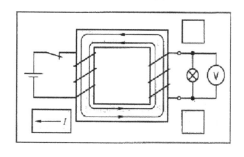

图 4-9　上电时变压器的场线方向和极性

12. 变压器的输出电压 U_2 在空转时取决于什么？

_____

_____

13. 图 4-10 中变压器的标准名称是什么？(请填入对应的序号)

(1)　输入绕组的开始。

(2)　输入绕组的结束。

(3)　输出绕组的开始。

(4)　输出绕组的结束。

(5)　输出绕组。

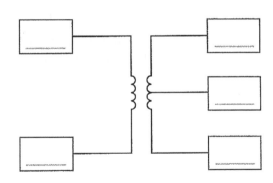

图 4-10　多绕组变压器的电路图

14. 补充表 4-15 变压器中的符号、单位和公式。

表 4-15　变压器中的符号、单位和公式

名　称	符　号	单　位	公　式
输入电压	U_1		
	U_2		
	N_1	————	
	N_2	————	
输出电流			

15. 在图 4-11 中标出相关方向。

(1)　输出电压 U_2 的方向。

(2)　输入电流 I_1 和输出电流 I_2 的方向。

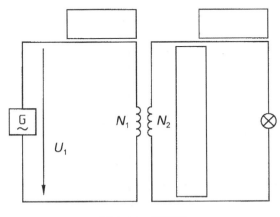

图 4-11　变压器

16. 图 4-11 的变压器在 $U=230V$ 的输入电压下应具有 0.22V 的输出电压。请计算：(1)输入绕组的匝数。假设这个变压器两个匝数比分别为 300 和 45，保持 0.22V 的输出电压。请计算：(2)这两种匝数比下的输出电压；(3)总匝数比。

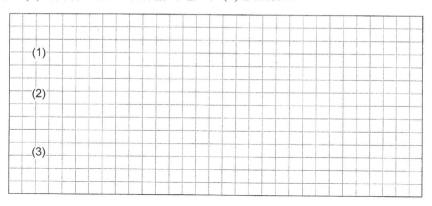

4.8 工作计划

4.8 工作计划(1)						
项目：USB 迷你可充电小风扇的制作与调试				任务一：USB 迷你可充电小风扇电路的设计		
姓名：				日期：		
序号	工作步骤	备注	备料清单 工具/辅助工具	工作安全&环境	计划用时	每日工作时间

4.8　工作计划(2)						
项目：USB 迷你可充电小风扇的制作与调试			任务二：USB 迷你可充电小风扇电路的焊接与调试			
姓名：			日期：			
序号	工作步骤	备注	备料清单 工具/辅助工具	工作安全&环境	计划用时	每日工作时间

4.9　总　　结

4.9　总结(1)	
项目：USB 迷你可充电小风扇的制作与调试	任务一：USB 迷你可充电小风扇电路的设计
姓名：	日期：

1. 请简要描述执行此子项目过程中的工作方法(步骤)。

2. 在加工此子项目过程中可以获得哪些新知识？

3. 在下一次遇到类似的任务设置时，需要做哪些改善？

4. 为了让你的同事能理解并继续实施你所执行的工作，该同事需要获得哪些信息？

4.9 总结(2)	
项目：USB 迷你可充电小风扇的制作与调试	任务二：USB 迷你可充电小风扇电路的焊接与调试
姓名：	日期：

1. 请简要描述执行此子项目过程中的工作方法(步骤)。

2. 在加工此子项目过程中可以获得哪些新知识？

3. 在下一次遇到类似的任务设置时，需要做哪些改善？

4. 为了让你的同事能理解并继续实施你所执行的工作，该同事需要获得哪些信息？

检测-评分表(1)

项目：USB迷你可充电小风扇的制作与调试			任务一：USB迷你可充电小风扇电路的设计				
姓名：			日期：				
序号	评价要素		检测-评分标准	参考分值	自评	小组	教师
					得 分		
1	学习能力(40分)	基本分	无重大过失，即可得到满分10分	0~10			
		任务完成质量	高：13~15分，较高：10~12分，一般：7~9分，较低：4~6分，低：1~3分	0~15			
		提出关键性建议	在讨论中发言得到大家一致认同的建议：5次以上：15分，5次以下每次3分	0~15			
2	学习态度(30分)	基本分	基本能够参与到学习活动中，态度诚恳即可得到满分10分	0~10			
		工作责任感 出勤率	全勤5分，缺勤一次扣1分，扣完为止	0~5			
		工作责任感 任务完成速度	按时完成任务加3分，推迟5分钟扣1分，依次类推，扣完为止	0~3			
		工作责任感 活动参与度	参加一次加0.5分，封顶2分	0~2			
		工作积极性 讨论热情	参与讨论，一次加1分，封顶4分	0~4			
		工作积极性 课堂发言	发言一次加1分，封顶3分	0~3			
		工作积极性 课堂讨论	课堂参与讨论，一次0.5分，封顶3分	0~3			
3	团队合作(30分)	基本分	积极参与，无对团队产生负面影响的行为，即可得到满分10分	0~10			
		共同完成任务	每次都参与到小组讨论，并按时按质量完成小组工作分工的为满分10分，讨论缺勤一次扣1分，作业不按时按量提交的一次扣1分。扣完为止	0~10			
		帮助其他队员完成任务	帮助其他队员一次加1分，封顶5分	0~5			
		对外沟通次数	每次小组讨论后，与其他小组交流、沟通作业结果，沟通一次加1分，封顶5分	0~5			
总分：(100分)							
最终得分(自评得分×20%+小组得分×30%+教师得分×50%)：							

检测-评分表(2)

项目：USB 迷你可充电小风扇的制作与调试　　任务二：USB 迷你可充电小风扇电路的焊接与调试

姓名：　　　　日期：

序号	评价要素		检测-评分标准	参考分值	得分		
					自评	小组	教师
1	学习能力 (40分)	基本分	无重大过失，即可得到满分10分	0~10			
		任务完成质量	高：13~15分，较高：10~12分，一般：7~9分，较低：4~6分，低：1~3分	0~15			
		提出关键性建议	在讨论中发言得到大家一致认同的建议：5次以上15分，5次以下每次3分	0~15			
2	学习态度 (30分)	基本分	基本能够参与到学习活动中，态度诚恳即可得到满分10分	0~10			
		工作责任感：出勤率	全勤5分，缺勤一次扣1分，扣完为止	0~5			
		工作责任感：任务完成速度	按时完成任务加3分，推迟5分钟扣1分，依次类推，扣完为止	0~3			
		工作责任感：活动参与度	参加一次加0.5分，封顶2分	0~2			
		工作积极性：讨论热情	参与讨论，一次加1分，封顶4分	0~4			
		工作积极性：课堂发言	发言一次加1分，封顶3分	0~3			
		工作积极性：课堂讨论	课堂参与讨论，一次0.5分，封顶3分	0~3			
3	团队合作 (30分)	基本分	积极参与，无对团队产生负面影响的行为，即可得到满分10分	0~10			
		共同完成任务	每次都参与小组讨论，并按时按量完成小组工作的为满分10分，讨论缺勤一次扣1分，作业不按时按量提交的一次扣1分。扣完为止	0~10			
		帮助其他队员完成任务	帮助其他队员一次加1分，封顶5分	0~5			
		对外沟通次数	每次小组讨论后，与其他小组交流，沟通作业结果，沟通一次加1分，封顶5分	0~5			

总分：(100分)

最终得分(自评得分×20%+小组得分×30%+教师得分×50%)：

项目5 多功能电子控制器的制作与调试

5.1 项 目 描 述

本项目是非常实用且很有趣味的一个制作性项目，通过连接不同的传感器，可以实现多种不同的功能，如按需要连接光敏管、热敏电阻、干簧管、探水电极等就可实现光控、温控、磁控和水控等；通过设计和制作此控制器，可以学习二极管、三极管、可调电位器的原理和特性，以及对焊接技术进行训练。

5.2 项目电路原理图

多功能电子控制器电路原理图如图 5-1 所示。

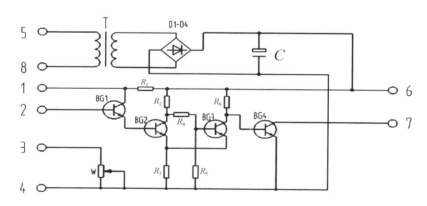

图 5-1 多功能电子控制器电路原理图

5.3 功 能 描 述

本控制器由射极跟随器(BG1)、斯密特触发器(BG2、BG3)和驱动器(BG4)组成，在 1～4 脚输入端按需要与光敏管、热敏电阻、干簧管开关或探水电极连接，能实现光控、温控、磁控、水控等各种控制。+3V 电源可采用交流 220V/3V 小型变压器变压后，通过桥式整流后滤波得到，也可直接采用干电池或充电电池。6～7 脚接驱动负载，如：蜂鸣器、小灯泡、玩具马达、低压继电器等。5 脚和 8 脚接交流 220V 电源。在使用时，只需 1～2 脚接传感器即可，若需调整传感器的灵敏度，则将 2～3 脚用短接线短接即可。

5.4 零件清单

任务所需零件清单如表 5-1 所示。

表 5-1 任务所需零件清单

名 称	型号或规格	单 位	数 量
三极管(BG1～BG4)	3DG6	只	4
二极管	1N4004	只	4
电解电容器(C)	220μF/10V	只	1
电阻 R_1	1kΩ、1/4W	只	1
电阻 R_2	2kΩ、1/4W	只	1
电阻 R_5	8.2kΩ、1/4W	只	1
电阻 R_6	200Ω、1/4W	只	1
电阻 R_3	10Ω、1/4W	只	1
电阻 R_4	3kΩ、1/4W	只	1
小型变压器	220V/3V	只	1
光敏管	3DU1	只	1
蜂鸣器	3V	只	1
电位器	47kΩ	只	1

5.5 资 讯

任务一：多功能电子控制器的设计

1. 半导体

导电性能介于导体和绝缘体之间的物质称为半导体。如锗、硅、硒及许多金属氧化物和硫化物都是半导体。半导体的特性如表 5-2 所示。

表 5-2 半导体特性

特 性	特 点	应 用
热敏性	当环境温度升高时，半导体的导电能力增强	利用此特性可以制作热敏电阻等元件
光敏性	当半导体受到的光照强度增强时，半导体的导电能力增强	利用此特性可以制作光敏电阻、光伏电池等
掺杂性	在纯净半导体中掺入杂质，半导体的导电能力大大增强	利用此特性可以制造出多种半导体器件，如二极管、三极管、场效应管、晶闸管等

1) 本征半导体

纯净的具有完整晶体结构的半导体称为本征半导体，它的自由电子和空穴是成对产生和消失的，其载流子浓度很低，相对稳定，所以导电能力很低。最常见的本征半导体材料是高纯度的硅和锗。在它们晶体结构上，都是 4 价元素，若无受热、无光照及不掺杂时，自由电子就在空穴内不移动，故而无载流子移动，无导电能力。

2) 杂质半导体

如果在本征半导体中掺入相关的微量元素，可以使其导电能力大大提高，这种方式就叫掺杂，掺杂后的半导体称为杂质半导体。根据掺杂元素不同，杂质半导体分为两种：P 型半导体和 N 型半导体，如表 5-3 所示。

表 5-3 杂质半导体分类

类　型	掺入杂质离子	特　点
P 型半导体	微量三价元素（如硼、镓）	空穴浓度远远大于自由电子浓度，靠空穴导电，也称为空穴型半导体，多子是空穴（即正电荷），少子为自由电子（即负电荷），故特性为正
N 型半导体	微量五价元素（如磷、砷）	自由电子浓度远远大于空穴浓度，靠电子导电，也称为电子型半导体，多子是电子，少子为空穴，故特性为负

3) PN 结及其单向导电性

(1) PN 结的形成。

当 P 型半导体和 N 型半导体接触时，由于 P 型半导体中有大量的空穴，N 型半导体中有大量电子，接触面两边的载流子浓度相差很大，就会产生载流子的扩散运动。P 区的空穴与 N 区的电子在扩散过程中相遇复合而消失，在 P 区一侧留下不能移动的负离子电荷区，在 N 区一侧留下不能移动的正离子电荷区，因此，在 P 区和 N 区的交界处就出现了一个空间电荷区(也称为耗尽层)，如图 5-2 所示。

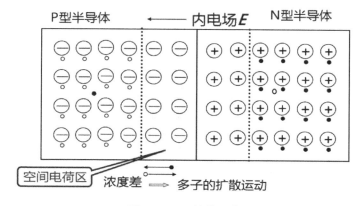

图 5-2 PN 结的形成

在空间电荷区内，形成了一个电场，叫内电场，它的方向是由 N 区指向 P 区；这个内电场要阻碍多子的扩散运动，而少子在电场力的作用下会越过交界面向对方做漂移运动，当多子的扩散运动与少子的漂移运动达到动态平衡时，空间电荷区的宽度就处于相对稳定状态，从而形成了 PN 结。

(2) PN 结的单向导电性。

PN 结内部的特殊结构，决定了它具有单向导电性的作用。在 PN 结上外加电压，叫作偏置电压，当外加偏置电压的实际方向是从 P 区指向 N 区时，就叫作 PN 结的正偏；当外加偏置电压的实际方向是从 N 区指向 P 区时，叫作 PN 结的反偏。正偏时外电场方向与内电场方向相反，外电场就会削弱内电场，使 PN 结变窄，如图 5-3(a)所示，破坏了 PN 结内的动态平衡增强了多子的扩散运动，形成很大的正向电流，这时 PN 结就正向导通。反偏时外电场方向与内电场方向相同，内电场被外电场加强，使 PN 结变宽，如图 5-3(b)所示，阻碍了多子的扩散运动，只有少子在内电场的作用下漂移运动，形成的电流非常微弱，一般为微安级，工程上可认为为 0，不导通，这时 PN 结就反向截止。PN 结的状态如表 5-4 所示。

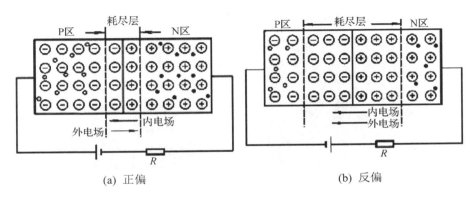

(a) 正偏　　　　　　　　　　(b) 反偏

图 5-3　PN 结的单向导电性

表 5-4　PN 结的状态

外部电压	PN 结状态
正偏电压	PN 结正向导通，呈低阻状态
反偏电压	PN 结反向截止，呈高阻状态

2. 半导体二极管

从 PN 结的 P 区和 N 区各引出一根电极，用外壳将 PN 结封装起来，就构成了半导体二极管(简称二极管)，P 区一侧的电极称为二极管的阳极或正极，N 区一侧的电极称为阴极或负极，在电路中，二极管用"D"来表示，符号为 ▶︱ 。

1) 二极管的结构

二极管的结构，如图 5-4 所示。

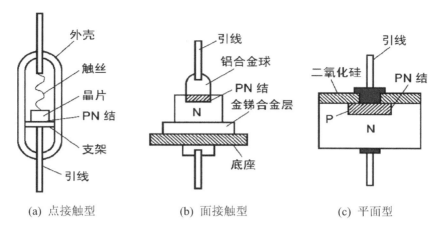

(a) 点接触型　　　　　　(b) 面接触型　　　　　　(c) 平面型

图 5-4　二极管的结构

2)　二极管实物图

二极管实物图，如图 5-5 所示。

金属壳二极管

大功率金属壳二极管

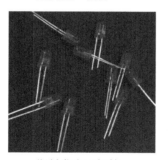

塑封发光二极管

贴片二极管

玻璃壳二极管

塑封整流二极管

图 5-5　二极管实物图

3)　二极管的伏安特性

二极管的伏安特性也就是它两端的电压与流过它的电流之间的关系，由于二极管的核心就是 PN 结，因此二极管同样具有单向导电性。根据这个特性，二极管的伏安特性分为正向特性和反向特性两部分，通常划分为四个区域：门坎区(死区)、线性工作区(导通区)、反向饱和区和反向击穿区。二极管的伏安特性如图 5-6 所示。

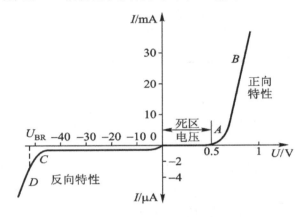

图 5-6　二极管的伏安特性图

(1)　正向特性。

当正偏电压小于开启电压(死区电压)时，外电场不足以克服 PN 结内电场的影响，正向电流几乎为零，开启电压的大小与二极管的材料和温度有关，通常硅管约为 0.5V，锗管约为 0.1V；当正偏电压大于开启电压后，PN 结内电场被大大削弱，正向电流迅速增加，二极管开始导通，正向压降很小(近似为恒压特性)，这一段特性很陡，硅管正向压降约为0.6～0.7V，锗管约为 0.2～0.3V。

(2)　反向特性。

二极管两端加反向电压时，二极管流过的微小反向电流具有两个特点：一是电流将随着温度的上升而急剧增长；二是在一定的外加反向电压范围内，反向电流基本不随反向电压的变化而变化(近似为恒流特性)。当二极管反向电压加大到一定值后，反向电流突然急剧增加，此时，二极管被反向击穿，呈现反向导通状态，失去了单向导电性，对应的电压就称为反向击穿电压。普通二极管击穿后不可逆，击穿即损坏。

4)　二极管的主要参数

二极管的主要参数说明如表 5-5 所示。

表 5-5　二极管的主要参数

参　数	表　示	参数说明
最大平均整流电流	I_{om}	在一定温度下，二极管连续工作时，它的正向平均电流的最大允许值，称为最大平均整流电流；I_{om} 受二极管所处的环境温度影响很大，温度越高，I_{om} 就越小

续表

参　数	表　示	参数说明
最高反向工作电压	U_{Rm}	最高反向工作电压是指允许加在二极管上的反向电压峰值，它反映了二极管反向工作的耐压程度，一般是反向击穿电压的一半
最大反向电流	I_{Rm}	二极管外加最高反向工作电压时的反向电流值，反向电流越小，说明其单向导电性越好。反向电流受温度影响较大，温度越高，反向电流越大
最高工作频率	f_M	二极管具有电容效应，限制了它的工作频率；当信号频率超过最高工作频率时，将影响它的单向导电性

5)　二极管的应用

由于二极管的单向导电性，其在电子电路中应用很广，可以用作整流、稳压、限幅、钳位、检波、隔离、元件保护等电路，也可以在数字电路中作为开关元件使用。

(1) 整流电路的作用。

整流：将交流电压(电流)变换为直流电压(电流)的过程，叫整流。整流电路的作用是利用二极管的单向导电性，将交流电变为单向脉动直流电，根据输出波形的不同，整流电路分为半波整流、全波整流、桥式整流和倍压整流等。

(2) 单向半波整流电路。

单向半波整流电路由电源变压器 T、一个整流二极管 D 和负载 R_L 组成。电路图如图 5-7(a)所示，波形图如图 5-7(b)所示。

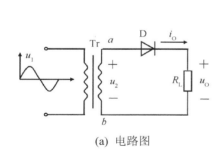

(a) 电路图

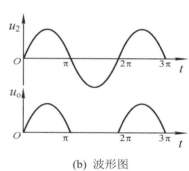

(b) 波形图

图 5-7　单向半波整流电路

工作原理：由于二极管的单向导电性，在 u_2 的正半周时，a 端为正，b 端为负，二极管 D 上加正向电压，二极管导通，电流流过负载电阻 R_L。电流的方向由变压器次级端点 a 正向通过二极管 D，经过负载 R_L 至次级端点 b 而构成回路。在 u_2 的负半周时，a 端为负，b 端为正，二极管 D 上加反向电压，二极管不导通，回路中没有电流；由于这种电路只在交流电源 u_2 的半个周期中负载才有电流通过，其导电角等于π，所以称为半波整流；负载电压 u_o 等于 $0.45u_2$。

(3) 单向桥式整流电路。

单向桥式整流电路实际上就是特殊的单向全波整流电路，它由电源变压器 T、四个整流二极管 D 和负载 R_L 组成。其电路图如图 5-8(a)所示，波形图如图 5-8(b)所示。

3. 晶体三极管

晶体三极管又叫半导体三极管，简称三极管或晶体管，是在一块半导体上制成两个 PN 结，再引出三个电极而构成，所以叫三极管，它具有电流放大作用和开关作用，是构成各种电子电路的基本元件。

1)   三极管的结构

三极管由两个 PN 结将一块半导体分为三个区，分别叫基区、发射区、集电区，其对应的电极为基极 B、发射极 E、集电极 C，发射区与基区之间的 PN 结称为发射结，集电区与基区之间的 PN 结称为集电结。其中，发射区掺杂浓度高，集电区掺杂浓度低，但这两个区体积都大，基区掺杂浓度低，很薄，如图 5-9 所示。

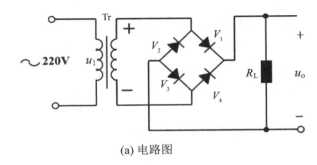

(a) 电路图

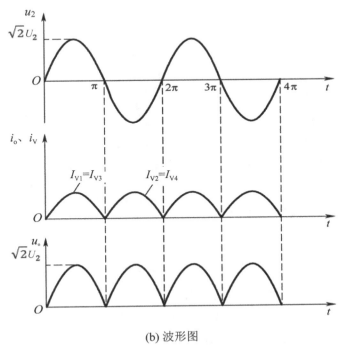

(b) 波形图

图 5-8   单向桥式整流电路

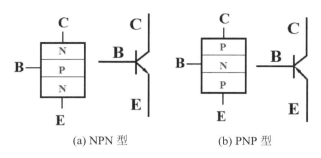

(a) NPN 型　　　　　　　　(b) PNP 型

图 5-9　晶体三极管的结构

2)　三极管的工作原理

三极管的发射极连接着管内的发射区，其作用是向基区注入载流子，载流子在基区的传送过程中受到了基极的控制，最后到达集电区为集电极所收集。因此，三极管的三个极(区)各有各的作用。要想使三极管能够正常地传送和控制载流子，如同二极管那样，也必须给三极管加上合适的极间电压，即偏置电压。根据发射极、基极、集电极之间的电压关系，三极管正常工作时，可以有三种状态，即截止状态、饱和状态、放大状态，在饱和状态、截止状态下，表现出开关特性，在放大状态下，有放大电流的作用。

3)　三极管的特性曲线

三极管的特性曲线是指各极间电压与各极电流之间的关系，是管内载流子运动规律的外部表现，分为输入特性曲线和输出特性曲线两种。图 5-10 所示为某硅三极管的输入、输出特性曲线。

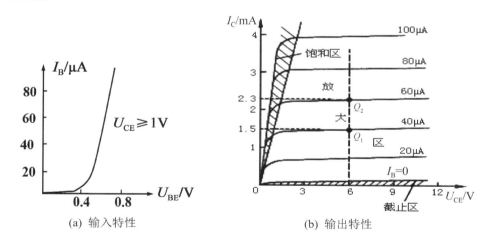

(a) 输入特性　　　　　　　　(b) 输出特性

图 5-10　某三极管的输入/输出特性曲线

根据三极管的输出特性曲线，可以分为三个区，如表 5-6 所示。

三极管在饱和区和截止区时，呈现开关状态，所以此状态下的三极管叫开关管；三极管在放大区时，呈现放大特性，此时它叫放大管，有电流放大作用，$I_C=\beta I_B$，β 为电流放大系数。

表 5-6 三极管的输出特性特点

分 类	PN 结偏置情况	参 数
放大区	发射结正偏	NPN: $U_{BE}>0$, $U_{BC}<0$
	集电结反偏	PNP: $U_{BE}<0$, $U_{BC}>0$
截止区	发射结反偏	NPN: $U_{BE}<0$, $U_{BC}<0$
	集电结反偏	PNP: $U_{BE}>0$, $U_{BC}>0$
饱和区	发射结正偏	NPN: $U_{BE}>0$, $U_{BC}>0$, $U_{CE}<U_{BE}$
	集电结正偏	PNP: $U_{BE}<0$, $U_{BC}<0$, $U_{CE}>U_{BE}$

任务二：多功能电子控制器的制作与调试

1. 放大电路的类型

放大电路的类型，如表 5-7 所示。

表 5-7 放大电路的分类

分 类	特 点
共发射极放大电路	发射极 E 为公共端，基极 B 为输入端，集电极 C 为输出端
共集电极放大电路(射极输出器)	集电极 C 为公共端，基极 B 为输入端，发射极 E 为输出端
共基极放大电路	基极 B 为公共端，发射极 E 为输入端，集电极 C 为输出端

2. 三种放大电路的基本接法

三种放大电路的基本接法，如图 5-11 所示。

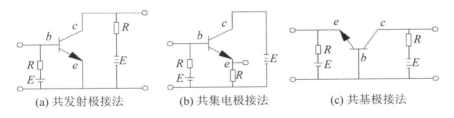

(a) 共发射极接法 (b) 共集电极接法 (c) 共基极接法

图 5-11 三极管在放大电路中的接法

5.6 引导性问题

任务一：多功能电子控制器的设计

1. P 型半导体的多子是什么，少子是什么？

2. 半导体的特性有哪些？

3. 表 5-8 是二极管的分类，请完成表中的内容。

表 5-8　二极管的分类

类　型	名　称	特点/作用
按结构不同	点接触型	
	面接触型	
按用途不同	普通管	
	整流管	
	变容管	
	开关管	
	检波管	
	稳压管	

4. 请画出单向全波整流电路原理图和波形图，并指出它与单向桥式整流的区别。

5. 在单向桥式整流电路中，若其中某一只二极管接反，会有什么现象发生？

6. 表 5-9 是三极管的分类表，请完成表中的内容。

表 5-9　三极管的分类

分　类	名　称	特点/用途
按结构不同	平面型	
	合金型	
按半导体材料不同	硅管	
	锗管	

分　类	名　称	特点/用途
按 PN 结组合方式不同	NPN 型	
	PNP 型	
按功率大小不同	小功率管	
	中功率管	
	大功率管	
按工作频率不同	低频管	
	高频管	
	超高频管	
按用途不同	放大管	
	开关管	

7. 完成三极管的主要参数及各参数特点，如表 5-10 所示。

表 5-10　三极管的主要参数

类　型	名　称	特　点
性能参数		
极限参数		

任务二：多功能电子控制器的制作与调试

1. 功率放大电路的主要特点是什么？

2. 说出集成运放的特点和组成部分？试画出反相比例的运算电路。

3. 简述光敏管的工作原理以及运用在本项目中的作用。

5.7 工 作 计 划

5.7 工作计划(1)

项目：多功能电子控制器的制作与调试				任务一：多功能电子控制器电路的设计		
姓名：				日期：		
序号	工作步骤	备注	备料清单 工具/辅助工具	工作安全&环境	计划用时	每日工作时间

5.7　工作计划(2)						
项目：多功能电子控制器的制作与调试				任务二：多功能电子控制器的焊接与调试		
姓名：				日期：		
序号	工作步骤	备注	备料清单 工具/辅助工具	工作安全&环境	计划用时	每日工作时间

5.8 总 结

5.8 总结(1)	
项目：多功能电子控制器的制作与调试	任务一：多功能电子控制器电路的设计
姓名：	日期：

1. 请你简要描述执行此子项目过程中的工作方法(步骤)。

2. 你在加工此子项目过程中可以获得哪些新知识？

3. 在下一次遇到类似的任务设置时，需要做哪些改善？

4. 为了让你的同事能理解并继续实施你所执行的工作，该同事需要获得哪些信息？

5.8　总结(2)	
项目：多功能电子控制器的制作与调试	任务二：多功能电子控制器的焊接与调试
姓名：	日期：

1. 请你简要描述执行此子项目过程中的工作方法(步骤)。

2. 你在加工此子项目过程中可以获得哪些新知识？

3. 在下一次遇到类似的任务设置时，需要做哪些改善？

4. 为了让你的同事能理解并继续实施你所执行的工作，该同事需要获得哪些信息？

检测-评分表(1)

项目：多功能电子控制器的制作与调试　　　　任务一：多功能电子控制器电路的设计

姓名：　　　　　　　　　　　　　　　　　　日期：

序号	评价要素		检测-评分标准	参考分值	得分		
					自评	小组	教师
1	学习能力 (40分)	基本分	无重大过失，即可得到满分10分	0~10			
		任务完成质量	高：13~15分，较高：10~12分，一般：7~9分，较低：4~6分，低：1~3分	0~15			
		提出关键性建议	在讨论中发言得到大家一致认同的建议：5次以上15分，5次以下每次3分	0~15			
2	学习态度 (30分)	基本分	基本能够参与到学习活动中，态度诚恳即可得到满分10分	0~10			
		工作责任感	出勤率	全勤5分，缺勤一次扣1分，扣完为止	0~5			
			任务完成速度	按时完成任务加3分，推迟5分钟扣1分，依次类推，扣完为止	0~3			
			活动参与度	参加一次加0.5分，封顶2分	0~2			
		工作积极性	讨论热情	参与讨论一次加1分，封顶4分	0~4			
			课堂发言	发言一次加1分，封顶3分	0~3			
			课堂讨论	课堂参与讨论，一次0.5分，封顶3分	0~3			
3	团队合作 (30分)	基本分	积极参与，无对团队产生负面影响的行为，即可得到满分10分	0~10			
		共同完成任务	每次都参与小组讨论，并按时按量完成小组分工作业的为满分10分，讨论缺勤一次扣1分，作业不按时按量提交的一次扣1分。扣完为止	0~10			
		帮助其他队员完成任务	帮助其他队员一次加1分，封顶5分	0~5			
		对外沟通次数	每次小组讨论后，与其他小组交流，沟通作业结果，沟通一次加1分，封顶5分	0~5			
总分：(100分)							

最终得分(自评得分×20%+小组得分×30%+教师得分×50%)：

检测-评分表(2)

项目：多功能电子控制器的制作与调试　　　　任务二：多功能电子控制器的焊接与调试

姓名：　　　　　　　　　　　　　　　　　　日期：

序号	评价要素		检测-评分标准	参考分值	得分		
					自评	小组	教师
1	学习能力 (40分)	基本分	无重大过失，即可得到满分 10 分	0~10			
		任务完成质量	高：13~15 分，较高：10~12 分，一般：7~9 分，较低：4~6 分，低：1~3 分	0~15			
		提出关键性建议	在讨论中发言得到大家一致认同的建议：5 次以上 15 分，5 次以下每次 3 分	0~15			
2	学习态度 (30分)	基本分	基本能够参与到学习活动中，态度诚恳即可得到满分 10 分	0~10			
		出勤率	全勤 5 分，缺勤一次扣 1 分，扣完为止	0~5			
		工作责任感	按时完成任务加 3 分，推迟 5 分钟扣 1 分，依次类推，扣完为止	0~3			
		任务完成速度	参加一次加 0.5 分，封顶 2 分	0~2			
		活动参与度	参与讨论一次加 1 分，封顶 4 分	0~4			
		工作积极性	发言一次 1 分，封顶 3 分	0~3			
		讨论热情	课堂参与讨论，一次 0.5 分，封顶 3 分	0~3			
		课堂发言					
		课堂讨论					
3	团队合作 (30分)	基本分	积极都参与小组讨论，即可得到满分 10 分	0~10			
		共同完成任务	每次都参与小组讨论，并按时按量完成小组分工作业的为满分 10 分，讨论缺勤一次扣 1 分，作业不按时按量提交的一次扣 1 分。扣完为止	0~10			
		帮助其他队员完成任务	帮助其他队员一次加 1 分，封顶 5 分	0~5			
		对外沟通次数	每次小组讨论后，与其他小组交流，沟通作业结果，沟通一次加 1 分，封顶 5 分	0~5			

总分：(100 分)

最终得分(自评得分×20%+小组得分×30%+教师得分×50%)：

参 考 文 献

[1] 吴雪琴. 电工技术[M]. 4 版. 北京：北京理工大学出版社，2019.

[2] 田慧，赵文山. 电路[M]. 北京：北京邮电大学出版社，2019.

[3] 于永进，李秋潭. 电路分析[M]. 北京：北京航空航天大学出版社，2017.

[4] 殷瑞祥. 电路与模拟电子技术[M]. 北京：高等教育出版社，2009.

[5] 徐峰. 电机与电器控制[M]. 北京：清华大学出版社，2014.

[6] 白乃平. 电工电子技术[M]. 西安：西安电子科技大学出版社，2017.

[7] 唐介，王宁. 电工学[M]. 北京：高等教育出版社，2020.

[8] 邱世卉. 电工电子技术[M]. 重庆：重庆大学出版社，2021.

[9] 王慧玲. 电路基础[M]. 3 版. 北京：高等教育出版社，2013.

[10] 李志杰. 电路基础[M]. 北京：北京希望电子出版社，2019.

[11] 孟祥贵，李季，等. 电工技术实践教程[M]. 长沙：国防科技大学出版社，2017.

[12] 黄军辉，冯文希. 电子技术[M]. 4 版. 北京：人民邮电出版社，2021.

[13] 徐美清. 电子电路分析与应用[M]. 北京：机械工业出版社，2020.

[14] 董寒冰. 电工技术及应用[M]. 重庆：重庆大学出版社，2020.